技工院校"十四五"规划室内设计专业系列教材
中等职业技术学校"十四五"规划艺术设计专业系列教材

室内装饰材料与施工工艺

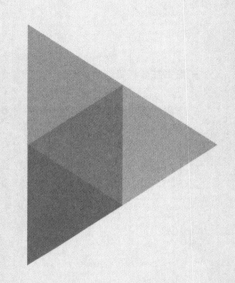

陈华勇　何超红　赵崇斌　曾　蔷　主　编
陶　杏　刘慧嘉　副主编

华中科技大学出版社
http://www.hustp.com
中国·武汉

内 容 简 介

本书共有六个项目,以室内装饰施工中的不同工种不同岗位的典型工作任务为主线设计。项目一重点讲述室内装饰装修施工的流程、施工组织设计和施工管理的概念,方便室内设计师和施工员学习和了解施工工程的整个过程;项目二和项目三分别讲解室内装饰装修工程中的给排水工程和强弱电工程,特别是排水排污和强弱电管线预埋都属于隐蔽工程,学生通过这个项目的学习,对排水排污和强弱电工程的材料、工具和施工工艺有了更直观的认知;项目四、项目五和项目六分别讲述了室内装饰装修中的泥水工程、木工工程和涂料工程,这些都是装饰装修施工工程中的典型工作任务,可以让学生对施工材料、施工工具和施工工艺有更深的了解。本书内容翔实,图文并茂,深入浅出,具有较强的直观性,同时还注重与设计应用相结合,将大量真实设计案例融入其中,提升了实用价值。本书可作为技师学院、高级技工学校和中职中专类职业院校室内设计专业的教材,还可以作为行业爱好者的自学辅导书。

图书在版编目(CIP)数据

室内装饰材料与施工工艺/陈华勇等主编.—武汉:华中科技大学出版社,2022.1(2023.9重印)
ISBN 978-7-5680-7859-7

Ⅰ.①室…　Ⅱ.①陈…　Ⅲ.①室内装饰-建筑材料-装饰材料-教材　②室内装饰-工程施工-教材　Ⅳ.①TU56②TU767

中国版本图书馆 CIP 数据核字(2022)第 000090 号

室内装饰材料与施工工艺
Shinei Zhuangshi Cailiao yu Shigong Gongyi

陈华勇　何超红　赵崇斌　曾　蕾　主编

策划编辑:金　紫
责任编辑:叶向荣
封面设计:原色设计
责任校对:李　弋
责任监印:朱　玢
出版发行:华中科技大学出版社(中国·武汉)　　电话:(027)81321913
　　　　　武汉市东湖新技术开发区华工科技园　　邮编:430223
录　排:华中科技大学惠友文印中心
印　刷:武汉市洪林印务有限公司
开　本:889mm×1194mm　1/16
印　张:10.75　插页:7
字　数:356 千字
版　次:2023 年 9 月第 1 版第 3 次印刷
定　价:49.80 元

技工院校"十四五"规划室内设计专业系列教材
中等职业技术学校"十四五"规划艺术设计专业系列教材
编写委员会名单

● 编写委员会主任委员

文健（广州城建职业学院科研副院长）

王博（广州市工贸技师学院文化创意产业系室内设计教研组组长）

罗菊平（佛山市技师学院设计系副主任）

叶晓燕（广东省交通城建技师学院艺术设计系主任）

宋雄（广州市工贸技师学院文化创意产业系副主任）

谢芳（广东省理工职业技术学校室内设计教研室主任）

吴宗建（广东省集美设计工程有限公司山田组设计总监）

刘洪麟（广州大学建筑设计研究院设计总监）

曹建光（广东建安居集团有限公司总经理）

汪志科（佛山市拓维室内设计有限公司总经理）

● 编委会委员

张宪梁、陈淑迎、姚婷、李程鹏、阮健生、肖龙川、陈杰明、廖家佑、陈升远、徐君永、苏俊毅、邹静、孙佳、何超红、陈嘉銮、钟燕、朱江、范婕、张淏、孙程、陈阳锦、吕春兰、唐楚柔、高飞、宁少华、麦绮文、赖映华、陈雅婧、陈华勇、李儒慧、阚俊莹、吴静纯、黄雨佳、李洁如、郑晓燕、邢学敏、林颖、区静、任增凯、张琮、陆妍君、莫家娉、叶志鹏、邓子云、魏燕、葛巧玲、刘锐、林秀琼、陶德平、梁均洪、曾小慧、沈嘉彦、李天新、潘启丽、冯晶、马定华、周丽娟、黄艳、张夏欣、赵崇斌、邓燕红、李魏巍、梁露茜、刘莉萍、熊浩、练丽红、康弘玉、李芹、张煜、李佑广、周亚蓝、刘彩霞、蔡建华、张嬿、张文倩、李盈、安怡、柳芳、张玉强、夏立娟、周晟恺、林挺、王明觉、杨逸卿、罗芬、张来涛、吴婷、邓伟鹏、胡彬、吴海强、黄国燕、欧浩娟、杨丹青、黄华兰、胡建新、王剑锋、廖玉云、程功、杨理琪、叶紫、余巧倩、李文俊、孙靖诗、杨希文、梁少玲、郑一文、李中一、张锐鹏、刘珊珊、王奕琳、靳欢欢、梁晶晶、刘晓红、陈书强、张劼、罗茗铭、曾蔷、刘珊、赵海、孙明媚、刘立明、周子渲、朱苑玲、周欣、杨安进、吴世辉、朱海英、薛家慧、李玉冰、罗敏熙、原浩麟、何颖文、陈望望、方剑慧、梁杏欢、陈承、黄雪晴、罗活活、尹伟荣、冯建瑜、陈明、周波兰、李斯婷、石树勇、尹庆

● 总主编

文健，教授，高级工艺美术师，国家一级建筑装饰设计师。全国优秀教师，2008年、2009年和2010年连续三年获评广东省技术能手。2015年被广东省人力资源和社会保障厅认定为首批广东省室内设计技能大师，2019年被广东省教育厅认定为建筑装饰设计技能大师。中山大学客座教授，华南理工大学客座教授，广州大学建筑设计研究院室内设计研究中心客座教授。出版艺术设计类专业教材120种，拥有自主知识产权的专利技术130项。主持省级品牌专业建设、省级实训基地建设、省级教学团队建设3项。主持100余项室内设计项目的设计、预算和施工，内容涵盖高端住宅空间、办公空间、餐饮空间、酒店、娱乐会所、教育培训机构等，获得国家级和省级室内设计一等奖5项。

● 合作编写单位

（1）合作编写院校

广州市工贸技师学院

佛山市技师学院

广东省交通城建技师学院

广东省理工职业技术学校

台山敬修职业技术学校

广州市轻工技师学院

广东省华立技师学院

广东花城工商高级技工学校

广东省技师学院

广州城建技工学校

广东岭南现代技师学院

广东省国防科技技师学院

广东省岭南工商第一技师学院

广东省台山市技工学校

茂名市交通高级技工学校

阳江技师学院

河源技师学院

惠州市技师学院

广东省交通运输技师学院

梅州市技师学院

中山市技师学院

肇庆市技师学院

江门市新会技师学院

东莞市技师学院

江门市技师学院

清远市技师学院

山东技师学院

广东省电子信息高级技工学校

东莞实验技工学校

广东省粤东技师学院

珠海市技师学院

广东省机械技师学院

广东省工商高级技工学校

广东江南理工高级技工学校

广东羊城技工学校

广州市从化区高级技工学校

广州造船厂技工学校

海南省技师学院

贵州省电子信息技师学院

（2）合作编写组织

广东省集美设计工程有限公司

广东省集美设计工程有限公司山田组

广州大学建筑设计研究院

中国建筑第二工程局有限公司广州分公司

中铁一局集团有限公司广州分公司

广东华坤建设集团有限公司

广东翔顺集团有限公司

广东建安居集团有限公司

广东省美术设计装修工程有限公司

深圳市卓艺装饰设计工程有限公司

深圳市深装总装饰工程工业有限公司

深圳市名雕装饰股份有限公司

深圳市洪涛装饰股份有限公司

广州华浔品味装饰工程有限公司

广州浩弘装饰工程有限公司

广州大辰装饰工程有限公司

广州市铂域建筑设计有限公司

佛山市室内设计协会

佛山市拓维室内设计有限公司

佛山市星艺装饰设计有限公司

佛山市三星装饰设计工程有限公司

广州瀚华建筑设计有限公司

广东岸芷汀兰装饰工程有限公司

广州翰思建筑装饰有限公司

广州市玉尔轩室内设计有限公司

武汉半月景观设计公司

惊喜（广州）设计有限公司

序言

技工教育是中国职业技术教育的重要组成部分，主要承担培养高技能产业工人和技术工人的任务。随着"中国制造 2025"战略的逐步实施，建设一支高素质的技能人才队伍是实现规划目标的必备条件。如今，技工院校的办学水平和办学条件已经得到很大的改善，进一步提高技工院校的教育、教学水平，提升技工院校学生的职业技能和就业率，弘扬和培育工匠精神，打造技工教育的特色，已成为技工院校的共识。而技工院校高水平专业教材建设无疑是技工教育特色发展的重要抓手。

本套规划教材以国家职业标准为依据，以培养学生的综合职业能力为目标，以典型工作任务为载体，以学生为中心，根据典型工作任务和工作过程设计教材的项目和学习任务。同时，按照职业标准和学生自主学习的要求进行教材内容的设计，结合理论教学与实践教学，实现能力培养与工作岗位对接。

本套规划教材的特色在于，在编写体例上与技工院校倡导的"教学设计项目化、任务化，课程设计教、学、做一体化，工作任务典型化，知识和技能要求具体化"紧密结合，体现任务引领实践的课程设计思想，以典型工作任务和职业活动为主线设计教材结构，以职业能力培养为核心，将理论教学与技能操作相融合作为课程设计的抓手。本套规划教材在理论讲解环节做到简洁实用，深入浅出；在实践操作训练环节体现以学生为主体的特点，创设工作情境，强化教学互动，让实训的方式、方法和步骤清晰明确，可操作性强，并能激发学生的学习兴趣，促进学生主动学习。

为了打造一流品质，本套规划教材组织了全国 40 余所技工院校共 100 余名一线骨干教师和室内设计企业的设计师（工程师）参与编写。校企双方的编写团队紧密合作，取长补短，建言献策，让本套规划教材更加贴近专业岗位的技能需求和技工教育的教学实际，也让本套规划教材的质量得到了充分保证。衷心希望本套规划教材能够为我国技工教育的改革与发展贡献力量。

技工院校"十四五"规划室内设计专业系列教材
中等职业技术学校"十四五"规划艺术设计专业系列教材
总主编
教授 / 高级技师 文健
2020 年 6 月

前　言

　　近年来,随着经济的不断增长,人们对环境艺术的要求逐渐提高,室内装饰构造与施工工艺也在不断发展,新材料、新工艺层出不穷。为了更好地设计和创造人们预期的空间环境,室内设计师和室内工程施工人员必须充分利用各种材料、设备,结合规范的施工工艺,提升装饰装修的效果。室内装饰材料与施工工艺是室内设计专业的必修课程,这门课程对于提高学生的室内设计实践水平起着至关重要的作用。

　　本书共有六个项目,项目一重点讲述室内装饰装修施工的流程、施工组织设计和施工管理的概念,让室内设计师和施工员了解整个施工工程;项目二和项目三分别讲解室内装饰装修工程中的给排水工程和强弱电工程,特别是排水排污和强弱电管线预埋都属于隐蔽工程,通过这两个项目的学习,学生对排水排污和强弱电工程的材料、工具和施工工艺有了更直观的认知;项目四、项目五和项目六分别讲述了室内装饰装修中的泥水工程、木工工程和涂料工程,这些都是装饰装修施工工程中的典型工作任务,可以让学生对施工材料、施工工具和施工工艺有更深的了解。本书注重与设计应用相结合,将大量真实设计案例融入其中,具有较高的实用价值。本书可作为技师学院、高级技工学校和中职中专类职业院校室内设计专业的教材,还可以作为行业爱好者的自学辅导书。

　　在本书编写过程中编者进行了大量调研,广泛听取了行业专家和兄弟院校专业老师的建议。本书将教学中遇到的问题与实际工作经验相结合,力求做到通俗易懂。感谢在编写过程中各位老师和友人的帮助和大力支持。在本书编写过程中参阅了大量国内外公开出版的书籍,在此向相关作者表示衷心的感谢! 本书内容虽经反复推敲和校对,但不妥之处在所难免,恳请广大读者批评指正。

陈华勇

2021 年 9 月

课时安排（建议课时72）

项目	课程内容		课时
项目一　室内装饰装修工程施工概述	学习任务一　室内装饰装修施工工艺流程概述	2	8
	学习任务二　室内装饰装修施工组织设计概述	2	
	学习任务三　室内装饰装修施工管理概述	4	
项目二　给排水工程装饰材料与施工工艺	学习任务一　室内给排水工程基本知识	2	8
	学习任务二　室内给排水工程施工材料与工具	2	
	学习任务三　室内冷热水管道安装施工工艺与构造	2	
	学习任务四　室内排水排污管道安装施工工艺与构造	2	
项目三　强弱电工程装饰材料与施工工艺	学习任务一　室内强弱电识图基础知识	4	12
	学习任务二　室内强弱电施工工具与材料	4	
	学习任务三　室内强弱电安装施工工艺与构造	4	
项目四　泥水工程装饰材料与施工工艺	学习任务一　室内泥水工程基本知识	2	12
	学习任务二　室内砌墙施工工艺与构造	2	
	学习任务三　室内铺贴瓷砖施工工艺与构造	4	
	学习任务四　室内大理石干挂施工工艺与构造	4	
项目五　木工工程装饰材料与施工工艺	学习任务一　室内石膏板隔墙施工工艺与材料	4	16
	学习任务二　室内顶棚造型天花施工工艺与材料	4	
	学习任务三　室内墙身造型施工工艺与材料	4	
	学习任务四　室内木地板铺设施工工艺与材料	4	
项目六　涂料工程装饰材料与施工工艺	学习任务一　装饰涂料的基本知识	2	16
	学习任务二　涂料工程施工工具	2	
	学习任务三　室内墙面涂料施工工艺	4	
	学习任务四　室内艺术涂料施工工艺	4	
	学习任务五　室内木器涂料施工工艺	4	

目　录

项目一　室内装饰装修工程施工概述

学习任务一　室内装饰装修施工工艺流程概述

教学目标

（1）专业能力：了解室内装饰装修施工工艺的基本流程。

（2）社会能力：了解室内装饰装修施工前的准备工作。

（3）方法能力：资料收集能力、归纳总结能力。

学习目标

（1）知识目标：了解室内装饰装修施工前的准备工作，了解室内装饰装修施工工艺的基本流程。

（2）技能目标：能够厘清室内装饰装修各种施工工艺的步骤和施工中的重点及注意事项。

（3）素质目标：具备一定的沟通交流能力，理论与实操相结合。

教学建议

1. 教师活动

（1）教师前期收集各种工地现场的图片、视频等，运用多媒体课件、教学视频等多种教学手段，提高学生对室内装饰装修施工流程的感知力。

（2）联系室内现场装饰装修施工情境，使知识点讲授和代表性施工工艺步骤的讲解通俗易懂。

2. 学生活动

（1）认真听课、看课件、看视频；记录问题、积极思考问题，与教师良性互动，解决问题；总结，做笔记、写步骤、举一反三。

（2）细致观察、学以致用，积极进行小组间的交流和讨论。

一、学习问题导入

各位同学,大家好,今天我们一起来学习室内装饰装修材料与施工工艺。我们平时住的房子、学习的教室都属于室内装饰装修施工的内容。大家能不能说出这些空间的装修施工包括哪些工种和材料?它们的施工步骤又是如何?

室内装饰装修的施工工艺流程包括施工前的准备工作和施工中的主要工艺和流程。比如教室里用的电,家里卫生间用的给水排水,属于室内装饰装修的隐蔽工程;教室的墙体则属于泥水工程,墙面的白色乳胶漆属于涂裱工程。你还了解哪些关于室内装饰装修的主要工艺呢?

二、学习任务讲解

1. 室内装饰装修施工前的准备

(1)施工技术准备。

施工技术准备工作从工程项目中标即可进行。首先是与设计单位进行联系,实施技术交底的工作,使其熟悉、审查施工图纸和各类相关文件资料。交底的方式有书面形式和现场沟通形式两种。班组、工人接受施工任务和技术交底后,要组织成员进行认真分析研究,弄清关键部位、质量标准、安全措施和操作要领。为做好施工准备工作,除掌握有关施工项目的文件资料外,还应该进行施工项目的实地勘察和调查分析,了解当地的施工规范和标准。获得有关数据的第一手资料,对于编制科学的、符合实际的施工组织设计或施工项目管理实施规划是非常必要的。

(2)施工设备物资准备。

施工管理人员应尽早计算出各施工阶段对材料、施工机械、设备、工具等的用量,并说明供应单位、交货地点、运输方法等,特别是对预制构件,必须尽早从施工图中摘录出构件的规格、质量、品种和数量,制表造册,向预制加工厂订货并确定分批交货清单和交货地点。对大型施工机械及设备要精确计算工作日并确定进场和退场时间,提高机械利用率,节省机械的租用费。

(3)施工现场准备。

在工程施工现场,应保持场地平整,接通施工临时用水、用电和道路,这项工作简称为"三通一平"。为了保证建筑材料、机械、设备和构件早日进场,必须保持主要通道及必要的临时性通道的畅通。施工现场的通水包括给水和排水两个方面。施工用水包括生产与生活用水,其布置应按施工总平面图的规划进行安排,施工给水设施应尽量利用永久性给水线路。根据各种施工机械用电负荷及照明用电量,计算选择配电变压器,并与供电部门联系,按建筑施工现场临时用电的规范要求,架设好连接电力干线的工地内外临时供电线路及通信线路。施工现场的平整工作是按建筑总平面图进行的。为了施工安全和便于管理,对于指定的施工范围应执行封闭施工。

2. 室内装饰装修施工的主要工艺和流程

(1)室内装饰装修测量放线。

装饰装修施工前,施工技术人员应在现场进行实地测量放样,依据设计图纸用黑线划出墙体定位,核对现场尺寸。如发现现场尺寸与图纸标注有误差,应通报监理方和业主方,并和设计方联系,及时做出相应的处理,不得擅自变更设计尺寸。

在每个层面测设 50 cm 或 100 cm 的标高线,并在墙上弹出墨线,作为室内装饰装修的标高基准。确定各空间地面和天花的高度,确保各空间高度一致。

(2)隐蔽工程施工。

室内装饰装修工程强弱电和给排水管线敷设都属于隐蔽工程,为保证室内空间符合安全、美观的原则,室内装饰装修的水电管线都预埋在墙上或地面。

①为确保安全,穿在管内的导线或电缆在任何情况下都不能接头,必须接头时可把接头放在接线盒、灯头盒或开关盒内。各个面板暗埋接线管应横平竖直,确保完成隐蔽施工后墙面挂饰打针等能避开电线管。室内电器线与其他管道间应保持一定的距离,宜不小于 100 mm。隐蔽电线工程施工完成后,应校验、试通

电合格,业主方签名确认验收后才可以封隐。

②给排水隐蔽工程安装包括防水和给水管、排水管的预埋安装。室内装饰装修的给排水管都预埋在墙面和地面,卫生间排水排污管预埋在卫生间沉池。通过试压检查给水管道和附件安装的严密性是否符合设计和施工验收规范,给排水管的安装应符合设计的要求坡度,确保排水管道排水畅通。敷设好管道后应进行防水灌水试验,水满后观察水位是否下降,各接口和管道有无渗漏,经有关人员检验,办理隐蔽工程验收手续后,方可进入下一环节的施工。

(3)泥水工程施工。

泥水工程施工包括砌墙、地面找平、地面铺设和墙面贴砖,属于基础工程,只有先完成泥水部分的工程才可以实现后期木工装饰装修部分的工程。泥水工程施工的平整对后期的装饰装修工程非常重要。地面铺设时要定好各个空间地面的高度,一般情况下,除了阳台、厨房和卫生间地面完成面较低,其他主要空间地面完成面高度统一,包括地面铺设木地板或地毯等空间都应在地面找平层预留木地板或地毯高度,确保各空间就算铺设不同的材料,地面完成面也是平整的。

阳台、厨房和卫生间地面的铺砖要按设计坡度要求铺设,避免地面有积水。地面铺砖时应选定材料尺寸,确定排列方案,要注意最后一排非整块材料不够一半时要两头切裁铺设,并将其镶贴在较隐蔽的位置。为了加强面砖与基体的黏结,应先将墙面的松散混凝土清理干净,明显凸出部分应凿去。

(4)木工工程施工。

木工工程包括天花造型、墙面木工背景造型和地面铺实木地板、地台制作等。天花造型包括夹板造型天花、石膏板造型天花、纸面石膏板天花和铝扣板天花,纸面石膏板天花和铝扣板天花多由厂家定制。墙面木工背景造型包括石膏板夹板隔墙,以及各种玻璃、不锈钢、铝塑板材料组合造型等。

木工制作首先要测量弹线,按图纸尺寸先在墙上划出水平标高线和分格线。然后是龙骨安装,基层板的安装,最后是面层材料的安装,面层材料包括板材、玻璃和软包材料等。木工制作部分一定要注意防水、防火的要求,注意安装的平整度和接缝收口的美观性。

(5)涂裱工程。

涂裱工程包括墙面扇灰扫乳胶漆、木门木器油漆和墙纸裱糊工程。涂料施工最重要的是基层的处理,抹灰面的灰渣及疙瘩等要铲除,表面要用砂纸打磨平整。必须等上一道工序干透了才可以进行下一道工序的施工。油漆工程要确保刷涂均匀、黏结牢固,不得漏涂、透底、起皮和掉粉。

三、学习任务小结

通过本次任务的学习,同学们已经初步了解了室内装饰装修的基本流程和主要的施工工艺,了解了室内装饰装修施工的步骤和施工中的重点及需要注意的事项,对各工种的装饰材料和工艺结构有一定的认识。同学们课后还要通过自身学习和社会实践,收集室内装饰装修施工材料和施工图片,并对施工工艺作出归纳和总结。

四、课后作业

(1)每位同学收集和整理有关室内装饰装修施工的图片不少于6张。
(2)以组为单位进行资料整理与汇总,并制作一份关于室内装饰装修施工流程的PPT进行演讲展示。

学习任务二　室内装饰装修施工组织设计概述

教学目标

（1）专业能力：了解室内装饰装修的施工组织设计的相关知识；掌握施工管理组织的主要机构和职能；掌握施工进度表的编制和施工进度控制的措施。

（2）社会能力：学生分组进行施工进度表制作，拓展视野，激发学习兴趣。

（3）方法能力：学以致用，加强实践，通过不断学习和实际操作，掌握施工进度表的制作要求和规范。

学习目标

（1）知识目标：了解室内装饰装修施工组织设计的基本知识。

（2）技能目标：能够理解施工组织机构的建立方式，以及其在施工组织管理中的作用。掌握施工进度表的制作和施工进度的控制方法。

（3）素质目标：自主学习、举一反三，理论与实操相结合。

教学建议

1. 教师活动

（1）教师展示几个不同的室内装饰装修工程项目的施工进度表和工地管理架构图，运用多媒体课件、教学视频等多种教学手段，提高学生对室内装饰装修施工组织管理的感知力。

（2）使工地管理组织架构和施工进度控制的讲解重点突出、通俗易懂。

（3）引导课堂小组讨论，讲授施工组织设计的主要工作内容。

2. 学生活动

（1）认真听课、看课件、看视频；记录问题、积极思考问题，与教师良性互动。

（2）细致观察、学以致用，分组制作室内装饰装修工程施工进度表和工地管理组织机构图。

一、学习问题导入

各位同学,大家好,经过之前的学习,我们了解了室内装饰装修施工工艺的基本流程和施工工艺步骤的重要性。那么要管理好一个室内工程项目,施工的组织设计就变得非常重要了。室内装饰装修施工组织一般包括施工现场管理组织机构的建立、施工进度计划制定和施工进度控制管理,下面我们来一起学习如何建立施工管理组织机构和进行合理的施工组织设计。

二、学习任务讲解

1. 施工组织机构的建立

（1）组建项目经理部。

室内装饰装修施工前要组建项目经理部,制定项目管理架构表,如表1-1所示。在施工企业主管部门的指导下,由项目经理协调项目在不同阶段、不同部门和不同工种之间的关系和矛盾,进行及时沟通,排除障碍,解决问题,确保工程项目的顺利完成。通过各类制度和计划的建立,确保装饰装修工程在合同规定的工期、质量、造价范围内完成。

表 1-1　×××建筑装饰工程施工及总包管理架构表

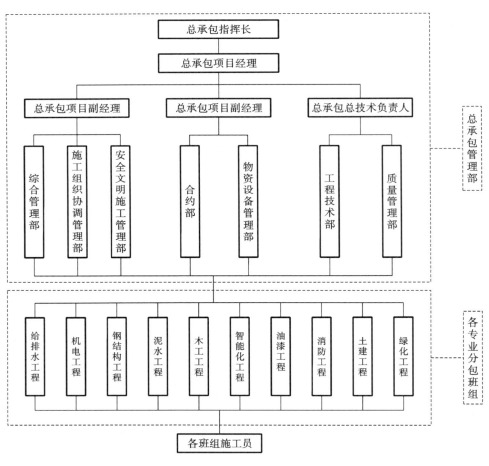

（2）建立精干的施工队伍和分包管理制度。

建立良好的分包管理制度,通过分包施工任务书的签发,可以把企业生产、技术、质量、安全和成本等各项经济指标分解为小组指标,落实到班组和个人。施工企业各项指标的完成与班组、个人的日常工作和利益紧密联系在一起,提高班组和个人的工作积极性,确保按时保质完成施工任务。

2. 施工进度计划的编制

编制施工进度计划表,便于掌握和控制施工过程中各工种、工序的进度情况,及时做好人员、工种、工序的安排,更好地为工程施工服务。施工工程进度表如表 1-2 所示。

表 1-2　施工工程进度表

总进度计划安排(总工期为 60 天)

工程名称:广州老年人服务中心大众楼维修工程

序号	项目	日期 第一个月 2 4 6 8 10 12 14 16 18 20 22 24 26 28 30	日期 第二个月 2 4 6 8 10 12 14 16 18 20 22 24 26 28 30	备注
1	进场、放线			
2	拆除工程			
3	余泥清理、搬运			
4	电气线路安装与调试			
5	给排水管安装调试			
6	网络布线与调试			
7	天花龙骨架安装			
8	石膏板安装			
9	门套、门扇制作及安装			
10	标准房衣柜制作及安装			
11	标准房地面铺复合木地板			
12	标准房沐浴玻璃趟门安装			
13	地面铺地砖			
14	墙身贴瓷片			
15	木饰面油漆			
16	天花、墙身扇灰、油漆			
17	安装定做玻璃			
18	洁具安装			
19	安装灯具			
20	场地清洁			
21	内部验收移交、退场			

编制单位:广东省×××建筑工程总公司　　2004年6月15日　　编制:×××　　审核:×××

施工进度计划是室内装饰装修工程施工组织设计的重要组成部分,是按照施工组织的基本原则,以选中的施工方案在时间和空间上做出安排,达到以最少的人力、财力、物力,保证在合同规定的工期内保质保量地完成施工任务。施工进度计划的编制需要确定各个工程工序的施工延续时间,组织协调各个工序之间的衔接、穿插、平行搭接、协作配合等关系,指导现场施工安排,控制施工进度和确保施工任务的完成。保证按照业主要求的开工日期进场,材料按计划进场,并安排专业班组进场施工。

工程项目可以采用水平流水作业、综合立体交叉等方法进行施工,统筹协调好各分部、分项工程的施工,合理安排好各工种的穿插,确保工程质量和施工进度,以满足总进度的要求。

另外,施工进度计划确定了施工总体以哪项工程为主(如顶棚装饰、墙柱饰面、楼地面),主要的作业组安排情况(如抹灰组、龙骨安装组、木工组、油漆组、重工组等),重点控制好各工种施工交叉点及施工节奏,保证各工种按进度计划完成各分项工程。根据各空间的不同设计要求,分区、分工进行施工。

3. 施工进度控制措施

施工项目进度控制是指在限定的工期内,将施工进度计划付诸实施,并在施工过程中按照计划实施控制,直到工程竣工验收。施工过程中影响施工进度的因素很多,如施工条件和天气的变化,工程材料和资金的延误,施工组织方案的变更等,为了能够顺利地完成施工任务,必须对这些因素有充分的认识与准备,以便采取措施,保证工程如期完成。具体的做法包括以下几个方面。

(1) 要制订严密的总体进度计划,包括总体和分部、分项进度计划及周、月(季)进度计划,做到计划合理,科学安排,并严格落实跟进督导。

(2) 在制订综合总进度计划时,要考虑到设计图纸到位情况,装饰材料供应情况,施工队伍调配及现场交叉作业情况等。

(3) 要充分发挥施工企业的协调职能,将各分项的作业计划并入总包计划加以统筹,并协调配合。

(4) 结合施工现场实际进度情况,定期向业主、监理提供报表,以便业主更直接地通过报表来衡量工程进度情况,有针对性地提出解决方法。

(5)紧紧抓住关键工序,确保各关键工作及时交付下道工序,非关键的工作则应争取提前至最早开始时间,分流施工,留出更多的劳动力主攻关键工作。

(6)精心组织交叉施工,定期组织现场协调会,避免工序脱节造成窝工,或工序颠倒造成成品交叉破坏。

(7)改革传统装饰装修工艺,有条件的项目尽量采用场外加工、现场组装的工艺,加速施工进度,确保工程保质按期交付业主使用。

4. 主要材料机具设备需要和进场计划

根据材料计划表及工程进度计划表确定材料的品种、数量及进入工地时间。装饰施工期间,管理者要对各工种材料库存量登记清楚,并计划出未来数天内对材料的需求量,及时给予调供,禁止装饰施工出现停工待料现象。另外还要注意保持工地整洁,切勿将材料在现场乱堆乱放,避免工地空间狭小而影响施工进度。严格控制材料进场时间,对进场的所有材料设置材料库房进行暂时保管,施工材料的发放以"当天用料、当天发放"为根本原则。

堆放位置应事先安排,切勿任意堆放以致影响工期和材料的管理。堆放材料时应注意杜绝对装饰施工的材料进行反复搬迁,以免损材费工。要尽量将装饰施工材料分类堆放,便于使用。易燃、易爆物品,要求分开地点堆放,以保证安全。易碎、易潮、易污的材料,应注意堆放方法并采取保护措施,以免造成损耗。马上用的材料进入工地时应直接放置在工地面上,以免造成二次搬运的浪费。管理者在施工中需防止施工人员随意浪费材料,主要抓好两个方面的工作:一是抓好下料的设计,二是抓好剩余材料的使用。

三、学习任务小结

通过本次任务的学习,同学们已经初步了解了室内装饰装修施工管理组织机构和施工进度表在施工管理中的作用和重要性。施工管理是室内装饰施工工艺中不可缺少的一个重要环节,同学们课后还要通过自身学习和社会实践,多收集关于施工管理的资料,对施工管理的每个环节做出归纳和总结。

四、课后作业

(1)每位同学收集和整理有关室内装饰装修工程的工地管理架构表、施工进度表和分包合同表。

(2)根据教师提供的施工工程项目,以组为单位制作该工程项目的工地管理架构表和施工进度表。

学习任务三 室内装饰装修施工管理概述

教学目标

（1）专业能力：了解室内装饰装修施工管理的基本知识。

（2）社会能力：了解室内装饰装修施工管理的安全知识。

（3）方法能力：学以致用，加强实践，掌握施工管理中的重点和注意事项。

学习目标

（1）知识目标：掌握室内装饰装修施工管理的基本内容。

（2）技能目标：能够清楚室内装饰装修施工管理过程中的安全管理、质量管理和成本管理的重要性和作用。

（3）素质目标：扩大学生对室内装饰装修施工管理的认知领域，提升专业兴趣。

教学建议

1. 教师活动

（1）教师前期收集并播放关于工地施工安全教育的教学视频，提高学生对施工管理中安全的重要性认知。

（2）讲授安全管理、质量管理和成本管理的内容和重要性，使其深入浅出、通俗易懂。

2. 学生活动

（1）认真听课、看课件、看视频；记录问题、积极思考问题，与教师良性互动，解决问题；总结，做笔记。

（2）细致观察、学以致用，积极进行小组间的交流和讨论。

一、学习问题导入

各位同学,大家好,前面的课程我们学习了室内装饰装修施工的组织设计,那么如何管理好工地,确保施工工程能按时按量顺利地完成呢? 室内装饰装修施工管理包括哪些内容,它们的重要性和作用有哪些呢? 下面让我们一起来学习关于室内装饰装修施工工程的管理。

二、学习任务讲解

(一)室内装饰装修工程安全管理

1. 安全管理教育常态化

(1)进入工地的施工人员必须经过入场安全教育,办理安全生产会议记录表,如表1-3所示。入场安全教育的内容必须填写在安全质量技术交底表内,安全质量技术交底表一式两份,由宣讲人和受教育人员共同签字,一份报上级安全部门备案,一份留作安全教育的凭证。

(2)有关安全方面的法制教育,安全生产责任制教育以及季节性安全教育,都通过安全教育卡的形式进行考核检查,以便提高安全教育质量,增强安全教育的效果。

表 1-3　安全生产会议记录表

安全生产会议记录表

工程名称:　　　　　　　　　　编号:　　　　　　　　　　编码:(ZX. B-04-10)

会议时间:

会议地点:

参加人员:

主持人:

会议内容:

一、项目部管理机构人员

项目经理:　　　　　　　　　　　　　木工组长:

现场负责施工员:　　　　　　　　　　水电组长:

设计总监:　　　　　　　　　　　　　泥水组长:

地盘主管(兼临电主管):　　　　　　　杂工组长:

地盘管理(兼仓库员):　　　　　　　　刮灰组长:

采购员:

二、工程施工概况

1. 进场纪律性原则:(1)戴胸卡、帽子(公司统一识别标志)

　　　　　　　　　(2)按时上班:早上:8:00—12:00

　　　　　　　　　　　　　　　　下午:2:00—6:00

　　　　　　　　　　　　　　　　加班:19:00—22:30

　　　　　　　　　(3)住宿:根据现场由柳工安排住宿(现场不准做饭)。

　　　　　　　　　(4)禁止事项:上班时,不准光背、穿拖鞋,不戴胸卡、帽子;大声喧哗、斗殴、赌博、吸毒等。

2. 工程简介:(参考施工进度管制表)

3. 施工安全、质量技术交底原则:(1)与公司签定交底卡。

　　　　　　　　　　　　　　　(2)项目主管组织组长交底图纸内容。

　　　　　　　　　　　　　　　(3)组长组织员工交底图纸内容。

4. 班组详细施工安排计划(根据项目施工进度管制表)。

三、工作方式:(1)每星期一项目部例会:协调各班组生产工作,调整个别班组工作安排,向各班组做技术交底或新的安排等。

(2)班组长笔记随身带(开会必记录),除例会之外交底要互相签字认可,做到责任明确,有责任可追究的原则。

四、按甲方要求参加协调会议,图纸会审工作,项目部现场负责人、设计师、水电组长、地盘主管根据实际情况出席。

记录人:＿＿＿＿＿＿

记录时间: 　年　月　日

复印送各班组长1份,存档1份。

2. 安全管理施工计划标准化

(1)在室内装饰装修施工过程中,要坚持安全施工的基本原则,把安全施工列入施工规划中。首先要求做好施工现场的围隔工作,防止意外伤害。落实检查制度,确保围隔材料完好无缺。选择室内装饰装修施工通道时要回避共用通道,坚持经常清扫装饰施工的作业面和外部场地。施工工地入口应设置安全标志牌,装饰施工材料要求安全、整齐地堆放。

(2)制订安全施工的具体措施,保证室内装饰装修施工的正常运行,营造良好的施工环境。项目部要按安全工地评比检验标准要求组织装饰装修施工,在遵守业主方制订的有关规定和施工企业制订的相应规章制度的同时,对工地进行安全施工、场容场貌、生活卫生等项目的抽查,以便有力地促进项目标准化工作达到安全工地的要求。

3. 安全管理施工方法细节化

(1)制订工程安全施工标准和规范,按标准和规范组织施工,让安全施工成为施工习惯。安全施工及安全施工教育是一个长期性的工作。

(2)装饰工程项目经理亲自抓安全施工,带领施工员、安全员、班组长每天检查现场,营造安全的施工氛围。

(3)工地内设置安全宣传栏,进行安全生产的宣传教育,及时反映工地内各类安全动态。在施工现场四周和通道口,要设置警示牌和安全宣传栏。

(4)开展安全教育,施工人员均应遵守当地的安全规范。施工人员按指定通道进出,上班时间不随便外出乱逛,保持行为举止和语言文明。

(5)加强班组建设。班组安全是工地安全的基础,各班组要形成安全施工日检查制度。

(6)树立榜样作用,开展安全施工班组评比工作,给予精神、物质奖励。建立处罚制度,对违规人员在进行教育的基础上给予必要的经济处罚。

(7)加强工地治安综合治理,做到目标管理、制度落实、责任到人。

(8)建立档案卡片,对装饰施工现场的施工队伍及人员组织做到情况明了,要与施工班组签订安全施工责任书,对施工队伍加强法制教育。

(9)建筑材料区域堆放整齐,对进场的材料挂标志牌,并采取安全保卫措施。

(10)维护施工面的卫生,做好保洁工作,及时清理工作区域施工垃圾,做到工完场清。

(11)在施工过程中,工地总包单位和其他施工单位积极协调,做到互助、互谅,确保工程施工安全顺利完成。

4. 施工现场挂牌规范化

(1)施工现场必须有"七牌一图",即工程概况、工程项目负责人名单、工程质量合格和施工现场标准化管理、工程环保、安全生产纪律、安全生产天数和防火须知七块牌及施工现场平面布置图。标牌的制作、挂置等符合标准,现场必须指定卫生负责人并明确职责,严格按照文明工地的有关规定进行施工。

(2)施工现场保证整洁,实现工地门前"三包",明确门前无垃圾,无建筑材料,无污水。

（3）现场原材料、构件、机具设备按指定区域堆放整齐,保持道路通畅。

（4）采取措施减少噪声,基本保证施工现场噪声分贝控制在国家规定的范围内。

（5）石材、地砖切割及其他必须在现场制作的项目,在施工现场分隔的施工房内完成,或临时用纸面石膏板隔出制作区。

（6）保持施工道路通畅、现场整洁,施工现场环境保护采用二级排污处理,进出车辆冲洗干净,做到无泥浆出工地。

5．施工环境和生活卫生管理

（1）施工现场按卫生包干落实包干责任制,并落实到具体清洁人。

（2）保持施工现场及周围的环境卫生,实行分区卫生包干制度,严禁乱倒渣土、生活垃圾等废物。施工现场设垃圾堆放场,生活区、工地办公室要设带盖垃圾桶,垃圾装袋外运。

（3）工地配置必要的劳保用品和应急医药用品、紧急救护用品。

（4）严格执行"三包"制度,防止施工用水滴漏、尘土飞扬、噪声起伏,严格执行操作落手清制度,确保现场的标准化。

（二）室内装饰装修工程质量管理

1．健全质量管理体系

（1）建立健全技术质量岗位责任制度,实施施工质量项目经理负责制度。

（2）建立有效的奖罚制度。

（3）建立质量自检、互检及工序交接检查制度。

（4）所有隐蔽性工程必须进行检查验收,填写隐蔽工程验收记录表,如表1-4所示,检查合格后才能"封面"。上道工序未经检查验收,下道工序不得施工。

（5）建立巡查制度,质检员全天候巡视现场,每天下班前对工地当天工程全部巡视一次,发现问题马上协助本班组长及时解决,填好现场问题整改卡,在下班后交给班长,并做好笔记。

2．建立质量监控制度

（1）配备专职质量负责人和质量员,各分项项目部要设专(兼)职质量检查员,协助项目经理进行日常质量管理,配合相关地方质量监督部门的检查。

（2）根据工程项目施工的特点,确定质量控制重点、难点,严格加以控制。

（3）对施工的项目要进行分析,找出可能或易于出现的质量问题,提出应变对策,制订预防措施,事先进行施工控制。

（4）在进行技术、质量的交底工作时,要充分了解各个工种工程技术要求,必须以书面签证的形式进行确认,填写施工安全、质量技术交底卡,如表1-5所示。项目经理必须组织项目部全体人员对图纸进行认真学习,组织全体人员认真学习施工方案,并进行技术、质量、安全书面交底,列出监控部位及监控要点。

3．建立交接验收及质量鉴定制度

（1）分项工程施工完毕后,各分管工种负责人必须及时组织班组进行分项工程质量评定工作,并填写分项工程质量评定表,交项目经理确认,最终评定表交由监理公司和业主方负责人核定。

（2）项目经理要组织施工班组之间的质量互检,并进行质量评优评奖。

（3）工程项目部质检员对每个项目要不定期抽样检查,发现问题以书面形式发出限期整改指令单,项目生产经理负责在指定限期内将整改后情况以书面形式反馈到技术质量管理部门。

（4）施工过程中,不同工种、工序、班组之间应进行交接检验,每道工序完成后,由技术质量负责人组织上道工序施工班组及下道工序施工班组一起,进行交接检验,并做好检验记录,由双方签字。凡不合格的项目由原施工操作班组进行整改或返工,直到合格为止。

（5）加强工程质量的验收工作,对在检查中发现的违反施工程序、规范的现象,质量不合格的项目和事故苗头等应逐项记录,同时及时研究制订出处理措施。

表 1-4 隐蔽工程验收记录表

隐蔽工程验收记录

日期： 年 月 日 编号： 编码：(ZX.B-04-23)

工程名称			项目部位			
建设单位		设计单位			施工单位	

	分部分项工程名称	计量单位	工程数量	说明
隐蔽工程内容				
验收意见	验收单位(公章) 验收人： 年 月 日			

表 1-5 施工安全、质量技术交底卡

砌砖工程施工安全、质量技术交底卡

工程名称： 编号： 编码：(ZX.B-04-11-2)

一、施工安全

1. 上下脚手架应走斜道,禁止踏上窗台出入平桥,不得攀跳。

2. 安装活动钢(木)脚手架,当装在地面时,泥土必须平整坚实,否则要夯实至平稳不下沉或在架脚铺垫枋板拓宽支承面。当安设在楼板时,如高低不平则应用木板楔稳,不宜用红砖垫底。地面上的脚手架在大雨后应检查有无松动情况。

3. 脚手板跨距不应超过 2 m,其端头须铺过支承横杆约 20 cm,但也不允许伸过太长做成悬臂(探头板),一般宜绑牢,防止重量集中在悬空部位,造成脚手板"翻跟斗"的危险。

4. 不准站在砖墙上做砌筑、划线(勒缝)、检查大角垂直度和清扫墙面等工作。

5. 砌砖使用的工具应放在稳妥的地方,斩砖应面向墙面,工作完毕应将脚手板和砖墙上的碎砖、灰浆清理干净,防止掉落伤人。

二、施工质量

1. 砌砖墙认真挂水平、垂直线。

2. 完成面垂直吊线(2.8 m 以内)偏差在 3 mm 内,水平拉 5 m 通线,偏差在 5 mm 内。

3. 阴阳角度允许偏差在 5°内。

交底日期： 年 月 日

交底人：(签名) 受教人：(签名)

4. 建立装饰装修材料质量验收制度

(1)应寻找技术可靠、信誉良好并经论证的合格供应商作为材料供应的合作伙伴。

(2)材料应符合国家的相关标准,证照齐全,特别要注意合格证、测试报告及环境审批报告之类的证照齐全。

（3）材料的采购要以一定规格样品进行采样,定板定规格,在确定标准质量的情况下方可大宗采购。

（4）材料的材质效果要得到设计人员和业主方签名认可以后才可以进行采购。

（5）材料、半成品的外观验收,包括材料的规格尺寸、产品合格证、产品性能检测报告等。

（6）一些外协部件,会直接影响装修效果的,在专业工厂加工过程中应有专业人员进行监控,例如木线、饰面板、花岗岩、彩釉玻璃、铝合金线条等。

（7）对大批量的罩面材料要严格监控,注意批次的批号、规格、外观纹理、色差、纹样等,检查是否有划伤或损坏等。

（8）对外购件进行监控,如零部件是否有缺损、运输过程中是否有损坏等。

（三）装饰装修工程成本管理

1．根据工程预算做好成本费用核算与分配

（1）采用定额人工工资和工程量核算人工费,项目经理部可根据项目以计时、计件或分项承包约定的形式确定人工费。劳资双方应就约定的形式和价格签订合法的协议,并按实际施工的工程量计算。另外,加班费及按国家规定的各类劳动保护费等均应列入劳动力成本。

（2）根据用途核算材料费,划分工程耗用与其他耗用的界限,只有直接用于工程所耗用的材料才能计入成本核算对象的"材料费"成本项目,为组织和管理工程施工所耗用的材料及各种施工机械所耗用的材料,应通过"间接费用""机械作业"进行归类分配到相应的成本项目中。

（3）制定材料费的归集和分配,领用时能够点清数量、分清用料对象的,应在领料单上注明成本核算对象的名称,财务部门据以直接汇总计入成本核算对象的"材料费"项目。

（4）机械使用费核算,租入机械费用一般都能分清核算对象。自有机械费用,应通过"机械作业"归集并分配。

（5）间接费用的核算一般分两类,分配的标准是建筑工程以直接费为标准,安装工程以人工费为标准,产品(劳务、作业)的分配以直接费或人工费为标准。

2．人工费用成本的控制

（1）提高施工环节的成品、半成品化率,将现场制作转入后场集中生产加工、现场组装,尽量减少现场施工工作量,减少时间成本。

（2）改进施工做法,提高技术水平,简化施工工艺,节约成本。

（3）加强质量控制,防范质量通病发生,以免因返工等原因造成不必要的损失。

（4）增加班组引进数量,扶植班组均衡发展。通过增加班组引入数量、扶植中小班组发展壮大、增强班组间的竞争压力对控制项目人工成本上涨也可以起到一定的作用。

（5）项目开工后,班组合同尽早签订,提前完工,从一定程度上规避人工费用上涨的风险。施工班组作为劳务承包商,应该让其承担一定范围内的市场价格风险,合作双方风险共担,利益共享。

（6）施工过程中对班组签证费用的把控。现场班组上报的签证应先核准工程量,单价尽量参照合同价,没有合同价的参照公司指导价核定。另外应熟悉人工合同,避免合同内包含项目,班组再次报签证,造成重复计费。

3．材料费用成本的控制

（1）主要材料采购应询价、招标,必须对所招标材料的规格、型号、品牌、质量、市场价位进行深入了解,并制定该材料采购质量要求与招标的限价标准。直接从厂家采购,通过与厂家长期合作的方式,不断地挤出其报价中的价格水分,这样我们才能将材料在采购方面的风险降至最低,在谈判中处于主动,为项目获取更大的盈利空间。

（2）转移材料损耗风险。签订承包合同,尽可能按实际完成工作量计量的结算方式,有条件的项目与施工班组签订主材耗用考核协议,调动班组积极性,由被动参与变为主动控制。

（3）改进工艺做法,节约材料,降低成本。

（4）控制好甲供材料的质量、用量。甲方供材时通常会给予施工方一定比例的正常合理材料损耗,包括仓储、搬运、施工损耗。施工中稍有疏忽即有可能大幅超出损耗,而超出部分需要施工方自行买单。

三、学习任务小结

通过本次任务的学习,同学们深入了解了施工管理中安全的重要性,掌握了施工管理中关于室内装饰装修工程安全管理、质量管理和成本管理的方法。对管理中的一些细节也有了深入的了解。同学们课后还要通过多收集资料并参与社会实践,对不同的室内装饰装修项目的特性和适用范围做出合理的归纳和总结。

四、课后作业

(1)每位同学收集和整理1份室内装饰装修施工管理组织设计报告。

(2)以组为单位选出一名组员对室内装饰装修施工管理组织设计进行汇报讲解。

项目二 给排水工程装饰材料与施工工艺

学习任务一 室内给排水工程基本知识

教学目标

(1) 专业能力:了解室内给排水的基本知识。

(2) 社会能力:了解建筑给排水的原理。

(3) 方法能力:查阅建筑给排水相关标准、规范、手册和工具图书,学以致用,加强实践,通过不断学习和实际操作,掌握室内给排水的基本知识和施工工艺。

学习目标

(1) 知识目标:了解给排水系统的分类、组成,以及室内给排水方式及适用条件。

(2) 技能目标:能够厘清室内给排水的安装、验收和使用要求。

(3) 素质目标:具备自主分析、举一反三的能力,理论与实操相结合。

教学建议

1. 教师活动

(1) 教师前期收集各种室内给排水的图片资料,并运用多媒体课件、实物展示、动手画图等多种教学手段,提高学生对室内给排水工程的直观认识。

(2) 深入浅出地进行知识点讲授和应用案例分析。

2. 学生活动

(1) 认真听课、看课件、看视频;动手设计,与教师良性互动,解决问题;总结,做笔记、写步骤、举一反三。

(2) 细致观察、学以致用,积极进行小组间的交流和讨论。

一、学习问题导入

各位同学,大家好,今天我们一起来学习室内给排水工程。室内给排水工程包括室内给水工程和室内排水工程,其工程主要任务是把建筑物外给水管网内的水输送到室内的各种用水设备处,使用水的水量能够调节、储存,并使供水水质不受影响;同时,能够将废水排放到相应的污水处理系统中。

室内给水系统按用途可分为生活给水系统、生产给水系统和消防给水系统三大类。室内给水系统一般由引入管、水表、管道系统、配水装置和给水附件等部分组成。室内排水系统是将室内人们在日常生活和工业生产中使用过的水分别汇集起来,直接或经过局部处理后,及时排入室外污水管道。为排除屋面的雨水、雪水,有时要设计室内雨水管把雨水排入室外雨水管或合流至下水道。

二、学习任务讲解

(一)室内给水工程分类和组成

1. 室内给水系统分类

室内给水系统按用途可分为生活、生产、消防三类。

(1)生活给水系统:生活给水满足普通建筑物内的饮用、烹调、淋浴、盥洗、洗涤用水,水质必须符合国家规定的饮用水标准。根据用水需求不同,给水系统又可分为饮用水系统和杂用水系统。

(2)生产给水系统:是为了满足生产要求设置的用水系统,包括供给生产设备冷却、原料和产品洗涤,以及各类产品制造过程中所需的生产用水。生产给水系统也可以再划分为循环给水系统、复用水给水系统、软化水给水系统、纯水给水系统等。

(3)消防给水系统:供民用建筑、公共建筑以及工业、企业建筑中的各种消防设备的用水。一般高层住宅、大型公共建筑、车间都需要设消防给水系统。消防给水系统可划分为消火栓给水系统、自动喷水灭火系统、水喷雾灭火系统。

2. 室内给水系统的组成

室内给水系统包括引入管、计量设备、给水管网、给水附件、增压和贮水设备、配水装置和用水设备。

(1)引入管也称入户管,是一个与室外供水管网连接的总进水管,如图 2-1 所示。

(2)计量设备:建筑物入口处或住宅建筑单元安装计量水表和分户水表,如图 2-2~图 2-4 所示。

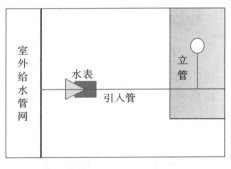

图 2-1　引入管

图 2-2　水表

图 2-3　流量计

图 2-4　压力计

(3)给水管网:遍布整个供水区域,依据其功能划分为干管和分配管。给水管网的功能主要是水量输送、水量调节、水压调节。其具有一般网络系统的特点,即分散性、连续性、传输性、扩展性。

（4）给水附件是指给水管道上的调节水量、水压，控制水流方向以及断流后便于管道、仪器和设备检修用的各种阀门。具体包括截止阀、止回阀、闸阀、球阀、安全阀、浮球阀、水锤消除器、过滤器、减压孔板等，如图 2-5～图 2-9 所示。

图 2-5　液压水位控制阀

图 2-6　比例减压阀

图 2-7　泄压阀

图 2-8　消声止回阀

图 2-9　可调式减压阀

（5）增压和贮水设备：当室外给水管网的水压、水量不足，或为了保证建筑物内部供水的稳定性、安全性，应根据要求设置水泵、气压给水设备、水箱等增压和贮水设备，如图 2-10～图 2-12 所示。

图 2-10　离心清水管道泵

图 2-11　气压给水设备

图 2-12　组合水箱

（6）配水装置和用水设备：包括各类卫生器具和用水设备的配水龙头和生产、消防等用水设备，如图 2-13 和图 2-14 所示。

3. 给水方式

给水方式是指建筑内部给水系统的供水方案。其基本类型有直接给水方式、设水箱给水方式、设水泵和水箱给水方式、设水泵给水方式、气压给水方式、分质给水方式、分区给水方式。

（1）直接给水方式：系统简单，可充分利用外网水压，但是一旦外网停水，室外立即断水。适用于水量、水压在一天内均能满足用水要求的用水场所。

（2）设水箱给水方式：水箱进水管和出水管共用一根立管，供水可靠，系统简单，缺点是水箱水用尽后，用水器具水压会受外网压力影响。适用于供水水压、水量周期性不足时。

图 2-13　单把立式菜盆龙头

图 2-14　面盆单把龙头

（3）设水泵和水箱给水方式：水泵能及时向水箱供水，可缩小水箱的容积；供水可靠，投资较大，安装和维修都比较复杂。该给水方式在室外给水管网水压低于或经常不能满足建筑内部给水管网所需水压，且室内用水不均匀时采用。

（4）设水泵给水方式：供水可靠，无高位水箱，但耗能较多，为了充分利用室外管网压力，节省电能，当水泵与室外管网直接连接时，应设旁通管。适合室外给水管网的水压经常不足时采用。

（5）气压给水方式：供水可靠，无高位水箱，但水泵效率低、耗能多。适合外网水压不能满足所需水压，用水不均匀且不宜设水箱时采用。

（6）分质给水方式：根据不同用途所需的不同水质，设置独立的给水系统的建筑供水。适合小区中水回用等。

（7）分区给水方式：可以充分利用外网压力，供水安全，但投资较大，维护复杂。适合供水压力只能满足建筑下层供水要求时采用。

（二）室内排水系统的分类和组成

1. 室内排水系统基本知识

室内排水系统是接纳、汇集建筑物内各种卫生器具和用水设备排放的废（污）水，以及屋面的雨、雪水，并在满足排放要求的条件下，通过技术、经济比较，选择适用、经济、合理、安全、通畅、先进的排水系统，排入室外排水管网。

（1）室内排水系统。

室内排水系统按排除污水的性质可以分为生活污水排水系统、工业废水排水系统、雨水排水系统。

①生活污水排水系统：生活污水排水系统用于排除人们日常生活中所产生的洗涤污水和粪便污水等。这类污水的有机物和细菌含量较高，应进行局部处理后才允许排入城市排水管道。医院污水由于含有大量病菌，在排入城市排水管道之前，还应进行消毒处理。

②工业废水排水系统：工业废水排水系统用于排除生产过程中所产生的废（污）水。因生产工艺种类繁多，所生产废（污）水的成分十分复杂。有的生产废水污染较轻，有的生产废水污染严重，对于污染较轻的生产废水，可直接排放或经简单处理后重复利用，对于污染严重的生产废水，需经处理后才能排放。

③雨水排水系统：雨水排水系统用于排除建筑屋面的雨水和融化的雪水。

（2）室内排水系统按排水体制可分为合流制排水系统和分流制排水系统。

①合流制排水系统：指生活污水与生活废水、生产污水与生产废水在建筑物内合流后排至建筑物外，即上述各种污（废）水系统合二为一或合三为一。

②分流制排水系统：将污水、废水、雨水等分别设置管道系统排至建筑物外。

2. 室内排水系统的组成

室内排水系统的基本要求是能迅速、通畅地将废（污）水排到室外。排水管道系统气压稳定，有毒有害气体不进入室内,保持室内环境卫生。管线布置合理,简短顺直,工程造价低。

(1)管道材料:根据污水性质的成分、敷设地点、条件及对管道的特殊要求决定,主要有排水铸铁管和硬聚氯乙烯塑料管(UPVC)等。

①排水铸铁管:目前多用于室内排水系统的排出管及室外管道,如图2-15和图2-16所示。

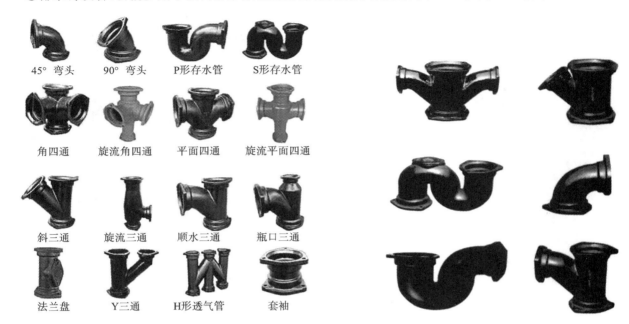

45°弯头	90°弯头	P形存水管	S形存水管
角四通	旋流角四通	平面四通	旋流平面四通
斜三通	旋流三通	顺水三通	瓶口三通
法兰盘	Y三通	H形透气管	套袖

图2-15 普通排水铸铁管 图2-16 柔性排水铸铁管

②UPVC管:具有优良的化学稳定性、耐腐蚀性。主要优点是物理性能好、质轻、管壁光滑、水头损失小、容易加工及施工方便等。缺点是质地较脆,在高温下容易老化,污水温度不应大于40 ℃,如图2-17所示。

图2-17 UPVC管

(2)卫生器具:是室内排水系统的起点,接纳各种污水后排入管网系统。

①便溺用卫生器具:包括坐便器、蹲便器、大便槽、小便槽等,如图2-18所示。

②盥洗沐浴用卫生器具:包括洗脸盆、盥洗槽、浴盆、淋浴器等,如图2-19所示。

图2-18 便溺用卫生器具

③洗涤用卫生器具:包括洗涤盆、污水盆等,如图2-20所示。

④专用卫生器具:包括化验盆、净身盆、饮水器等,如图2-21所示。

图 2-19　盥洗沐浴用卫生器具

图 2-20　洗涤用卫生器具

图 2-21　专用卫生器具

⑤地漏：地漏主要用来排除地面积水。应设在地面最低、易于溅水的卫生器具附近。不宜设在水支管顶端，以防止卫生器具排放的固体杂物在卫生器具和地漏之间横支管内沉淀，如图 2-22 所示。

图 2-22　地漏

3．排水方式的分类及对比

（1）隔层排水：排水支管穿过楼板，在下层住户的天花板上与立管相连，如图 2-23 和图 2-24 所示。

（2）同层排水：是指卫生器具排水管不穿楼板，而排水横管在本层与排水立管连接的排水方式，如图 2-25 所示。

（3）同层排水按排水横管、敷设位置和管件不同，可分为三种类型，即降板法（卫生间的结构楼板下沉（局部）300 mm 作为管道敷设空间），卫生间地面局部抬高法，不降板法。

（4）与隔层排水相比，同层排水的主要优点有管道不穿越楼板，产权关系清晰，上、下楼层之间不会因渗漏水发生纠纷，同时节省大量吊顶空间。洁具摆放不受管道、坑距限制。管道布局灵活，便于设计、安装简单。卫生间地面无任何障碍，便于清扫。管道、水箱全部可以采用隐蔽式安装，具有出色的视觉效果。

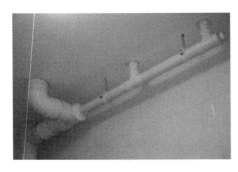
图 2-23　隔层排水 1

图 2-24　隔层排水 2

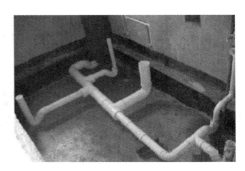
图 2-25　同层排水

三、学习任务小结

通过本次任务的学习,同学们已经初步了解了室内给排水工程的目的、施工内容和基本知识,对室内给排水工程有了全面的认识。随着人们物质生活水平提高,能源消耗也越来越大,我国对建筑物节能也越来越重视,掌握室内给排水知识有利于节约水资源,不断提高用水水质,更好地进行节能减排。同学们课后还要通过学习和社会实践,学习更多室内给排水工程的知识。

四、课后作业

(1)每位同学收集和整理室内给排水工程有关信息。

(2)以组为单位进行资料整理与汇总,并制作成 PPT 进行演讲展示。

学习任务二　室内给排水工程施工材料与工具

教学目标

（1）专业能力：了解室内给排水工程施工材料与工具的基本知识。

（2）社会能力：掌握各种室内给排水工程施工工具的操作方法。多参观和走访室内给排水工程施工现场，了解最新的施工工艺。

（3）方法能力：学以致用，加强实践，通过不断学习和实践操作训练，掌握各种室内给排水工程施工工具的使用方法。

学习目标

（1）知识目标：掌握室内给排水工程施工工具的使用方法。

（2）技能目标：能够熟悉室内给排水工程施工工具的特点、操作方法和适用范围。

（3）素质目标：理论与实操相结合，提高各种室内给排水工程施工工具的实践操作能力。

教学建议

1. 教师活动

（1）教师前期收集各种室内给排水工程施工工具的实物、图片、视频等资料，运用多媒体课件、教学视频等多种教学手段，启发和引导学生学习。

（2）遵循教师为主导，学生为主体的原则，将多种教学方法有机结合，激发学生的积极性，变被动学习为主动学习。深入浅出地进行知识点讲授并引导学生进行室内给排水工程施工工具操作训练。

2. 学生活动

（1）学生在课堂认真听课、看课件、看视频，分组进行讨论和实操，并与教师良性互动。学会总结、做笔记、写步骤、举一反三。

（2）细致观察、学以致用，积极进行小组间的交流和讨论，提高对室内给排水工程施工工具的认识。

一、学习问题导入

目前市面上常见的室内给排水工程施工工具种类繁多,规格也不同。室内装修首先要进行的是基础工程,它的施工质量决定着以后的生活便捷程度。因此基础工程用材一定要好,通常所用材料包括给排水管道、水泥、砂、砖等,给排水工程施工中常用工器具也分手动工具和电动工具两种。

二、学习任务讲解

(一)室内给排水材料按用途分类

室内给排水材料按用途可分为管件类(含管件等)、阀类、各种型材类、防腐保温材料类等,各种型材类又可分为金属型材和塑制型材。

(二)室内给排水材料按材质分类

室内给排水材料按材质可分为金属类、塑料制品类和非金属类。金属类材料包括金属管材、金属阀门、金属型材、金属五金材料等;塑料制品类材料包括塑料制管材、塑料阀门、塑料制型材等;非金属类材料包括油漆、保温材料、橡胶板、石棉板、复合材料、陶瓷、陶土、水泥等。

(三)室内给排水工程常用材料名称

1. 管材及管件

室内给排水目前最大的热点是新型管材的广泛应用,传统的镀锌钢管和普通排水铸铁管由于易锈蚀、自重大、运输施工不便等原因被取而代之。室内给排水常用管材主要有塑料管、金属管和复合管三种。

(1)塑料管。

塑料管是合成树脂加添加剂经熔融成型加工而成的制品,添加剂有增塑剂、填充剂等具有耐腐蚀功能的溶剂。塑料管外形光滑,无不良气味,加工便捷,化学稳定性好,不受环境因素和管道内介质成分的影响,密度小,材质轻,运输和安装方便。其缺点是刚性差,平直性也差,阻燃性差(大多数塑料制品可燃)。塑料管如图 2-26 所示。

(2)金属管。

金属管包括钢管、铸铁管、铜管和不锈钢管。钢管可分为焊接钢管和无缝钢管,如图 2-27 和图 2-28 所示。焊接钢管和无缝钢管均有镀锌的管材,镀锌工艺有冷镀和热镀两种。其优点是强度高,承受力压力大,抗震

图 2-26 塑料管

性能好;缺点是耐腐蚀性能差。消防给水系统常采用外壁热镀锌钢管。

从耐腐蚀的角度,热镀锌钢管比冷镀锌钢管和不镀锌钢管更耐腐蚀,如图 2-29 所示。

图 2-27 焊接钢管

图 2-28 无缝钢管

图 2-29 镀锌钢管

铸铁管按材质分为灰铁管和球铁管,按工艺分为连续铸造铸铁管和离心铸造铸铁管。给水铸铁管与钢管相比,优点是不易腐蚀,造价低,耐久性好;缺点是较脆,重量大,在管径大于 75 mm 的给水埋地管中广泛应用,如图 2-30 和图 2-31 所示。

图 2-30　离心浇铸管

图 2-31　离心球墨铸铁管

　　铜管分裸铜管和塑覆铜管,其优点是经久耐用,机械性能好,为可持续发展绿色建材;缺点是造价较高,保温性差。不锈钢管的优点是耐腐蚀,耐高温,耐酸性强,耐热性能高,抗高温氧化;缺点是成本较高,不耐碱。焊接紫铜管和不锈钢管分别如图 2-32 和图 2-33 所示。

图 2-32　焊接紫铜管

图 2-33　不锈钢管

　　(3)复合管。

　　复合管的优点是耐腐蚀,防锈,热传导率低,保温节能,安装方便;缺点是综合机械性能低,刚性低,小管径及热水管平直性差,不能长期暴晒,易老化,如图 2-34～图 2-38 所示。

图 2-34　PVC-U 排水管

图 2-35　PVC-U 给水管

2. 阀门

　　阀门是用来控制液体或气体的流量,减低它们的压力或改变流动方向的装置。其按作用和用途分类如下。

　　(1)截断类:如截止阀、旋塞阀、球阀、蝶阀、针型阀等。又称闭路阀,其作用是接通或截断管路中的介质,如图 2-39 和图 2-40 所示。

　　(2)止回阀:又称单向阀或逆止阀,属于一种自动阀门,其作用是防止管路中的介质倒流,防止泵及驱动

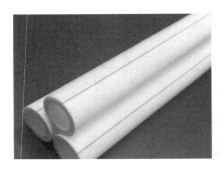

图 2-36　PPR 冷热水管

图 2-37　PE 环保给水管

图 2-38　PEX 管

图 2-39　截止阀

图 2-40　球阀

电机反转以及容器介质泄漏，如图 2-41 所示。

（3）安全类阀门：如安全阀、防爆阀、事故阀等。其作用是防止管路或装置中的介质压力超过规定数值，从而达到安全保护的目的，如图 2-42 所示。

（4）调节类阀门：如调节阀、节流阀和减压阀，作用是调节介质的压力、流量等参数，如图 2-43 所示。

图 2-41　止回阀

图 2-42　安全阀

图 2-43　调节阀

（5）分流类阀门：如分配阀、三通阀、疏水阀，作用是分配、分离或混合管路中的介质，如图 2-44 和图2-45 所示。

（6）特殊用途类阀门：如清管阀、放空阀、排污阀、排气阀、过滤器等，如图 2-46 和图 2-47 所示。排气阀是管道系统中必不可少的辅助元件，广泛应用于锅炉、空调、石油天然气、给排水管道中，安装在制高点或弯头等处，排除管道中多余气体，提高管道道路使用效率及降低能耗。

（7）公称压力类阀门：真空阀、低压阀、中压阀、高压阀、过滤器等。

（8）温度类阀门：低温阀、常温阀、中温阀、高温阀等。

（9）驱动类阀门：自动阀类、动力阀类和手动阀类。自动阀类是指不需要外力驱动，而是依靠介质自身

图 2-44 三通阀

图 2-45 疏水阀

图 2-46 清管阀

图 2-47 排气阀

的能量来使阀门动作的阀门。动力阀类则是可以利用各种动力源进行驱动的阀门。

3. 型材

型材主要分为金属型材和塑制型材,其中金属型材包括普通钢板、不锈钢板、铜板等。塑制型材包括塑料板、塑料圆条、塑料扁条等。

4. 常用管件

室内给排水工程在施工过程中,除了敷设给排水立管外,各层还需要敷设好给排水的支管。这些支管在连接用水设备时需要分支、转弯和变径,因此就需要有各种不同形式的管子配件与管道配合使用。给排水工程常用的管件如下。

(1)管路延长连接用配件:管箍、内接头,如图 2-48 所示。

(2)管路分支连接用配件:三通、四通,如图 2-49 和图 2-50 所示。

图 2-48 管箍

图 2-49 三通

图 2-50 四通

(3)管路转弯用配件:45°弯头、90°弯头,如图 2-51 和图 2-52 所示。

(4)管路变径用配件:异径三通、补心,如图 2-53 和图 2-54 所示。

图 2-51 45°弯头

图 2-52 90°弯头

图 2-53 异径三通

图 2-54 补心

（5）管路堵口用配件：丝堵、管堵，如图 2-55 和图 2-56 所示。

图 2-55 丝堵

图 2-56 管堵

（6）除此之外，排水管道上常用的管件还包括检查口、弯头、套筒、通气帽等，如图 2-57～图 2-59 所示。

图 2-57 弯头

图 2-58 套筒

图 2-59 通气帽

5．常用工器具及设备

给排水工程施工中常用工器具分手动工具和电动工具两种。手动工具包括尺、剪刀、扳手、管钳、绳索、手动绞车等;电动工具包括电动套丝机、电动砂轮切割机、电动钻孔机等。

三、学习任务小结

通过本次任务的学习,同学们已经初步了解了室内给排水工程施工工具的基本知识,对各种室内给排水工具有了一定的认识。合理选用各种给排水工具是确保室内给排水工程施工质量、提高工作效率、节约成本的保证。同学们课后还要通过学习和社会实践,了解每一种给排水施工工具的特点和操作方法,熟练掌握室内给排水工程工具的使用方法和技巧。

四、课后作业

（1）每位同学收集和整理有关室内给排水工程施工工具的资料,每个类别各选择 2~3 种进行细分,总量不少于 4 种类别。

（2）以组为单位进行资料整理与汇总,并制作成 PPT 进行演讲展示。

学习任务三　室内冷热水管道安装施工工艺与构造

教学目标

（1）专业能力：了解室内冷热水管道安装施工工艺的施工准备、工艺要求、成品保护、质量验收标准等知识点。

（2）社会能力：了解室内冷热水管道材料的性能。

（3）方法能力：资料收集能力、实践操作能力。

学习目标

（1）知识目标：掌握室内冷热水管道安装施工工艺的基本知识。

（2）技能目标：掌握室内冷热水管道安装施工工艺的施工准备、冷热水供应系统的组成和方式，以及施工质量和成品保护、质量验收标准。

（3）素质目标：理论与实操相结合，自主学习、亲身体验。

教学建议

1. 教师活动

教师前期收集各种室内冷热水管道安装施工工艺的图片、视频等，运用多媒体课件、教学视频等多种教学手段，启发和引导学生的学习和实训，培养学生的动手能力。

2. 学生活动

学生在课堂认真听课、看课件、看视频，在实训室分组进行室内冷热水管道安装施工工艺实训，并学会总结与归纳。

一、学习问题导入

各位同学,大家好,今天我们一起来学习室内冷热水管道安装施工工艺。室内冷热水供应系统属于给水系统,它以不同的热源通过不同的加热方式把冷水加热到所需的温度,再通过各种管道输送到各用水点,经过各种用水器具供应各种热水。室内冷热水供应包含饮用水、生活洗涤热水、取暖热水、生产用水、蒸汽等,不同用途的冷热水对水质、温度、用量有不同的要求,输送方式也不同。

二、学习任务讲解

(一)冷热水供应系统的分类和种类

1. 冷热水供应系统的分类

冷热水供应系统按照范围大小可分为集中冷热水供应系统和局部冷热水供应系统。集中冷热水供应系统供水范围大,冷热水集中制备,用管道输送到各配水点,一般适用于使用要求高、耗热量大、用水点分布密集、用水的延续性好、条件充分的场合,可用于为建筑物供应冷热水。局部冷热水供应系统只有一个或几个用水点,冷热水分散制备,一般靠近用水点设置小型加热设备,热源可以是太阳能热水器、电加热器、煤气加热器和炉灶等。

2. 冷热水供水管道的种类

(1)镀锌管:常用于煤气管道和暖气管道,作为水管使用几年后,管内会产生大量锈垢且容易滋生细菌,锈蚀造成水中重金属含量过高,危害人体健康,如图 2-60 所示。

(2)UPVC 管:是一种塑料管,接口处一般用胶黏接,抗冻和耐热能力差,所以不能用作热水管,由于强度不能满足水管的承压要求,所以冷水管也很少使用。大部分情况下,UPVC 管适用于电线管道和排污管道,如图 2-61 所示。

图 2-60 镀锌管

图 2-61 UPVC 管

(3)PPR 管:是以聚丙烯为基料,经改性处理后制成,具有更好的机械性能和更高的拉伸屈服强度及抗冲性能,是热水输送管的极佳选择。它无毒,卫生,安装方便,耐化学品性能佳,具有良好的热熔连接性能,解决了长期困扰给水行业的管道连接处漏水问题,因此应用广泛,如图 2-62 所示。

(4)铝塑管:是市面上较为流行的一种管材,价格适中,质轻,耐用且施工方便,可弯曲。目前在室内燃气管道应用量逐年增加,是一种新型化学管材。缺点是易老化,是卡套式连接,作为热水管道,经过热胀冷缩,接口处易出现渗漏,如图 2-63 所示。

(5)铜管:随着镀锌管在饮水管道中被禁止使用,铜管、PVR 管、覆铝塑管等一批新型管材开始广泛应用。铜水管作为世界上最古老的供水管道,以其经久耐用、卫生安全等性能成为家庭供水、供暖的常用材料,如图 2-64 所示。

根据经验,冷热水的耗量小于 70000 kcal/h(千卡/时),适合采用局部供热系统,供给单个厨房、浴室、单元式住宅等。室内住宅常用热水器,热水器安装节点详图如图 2-65 所示。

热水器安装施工说明如下。

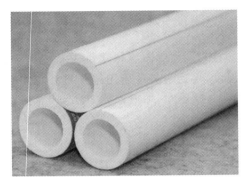

图 2-62　PPR 管

图 2-63　铝塑管

图 2-64　铜管

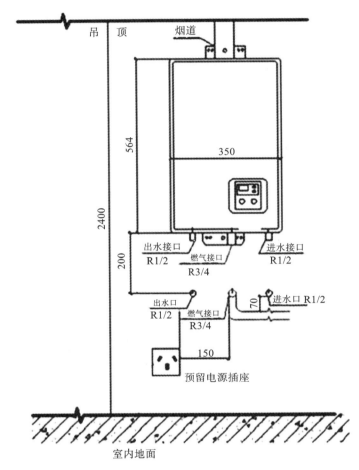

图 2-65　热水器安装节点详图

①排烟孔开孔直径需预留 80 mm,且开孔要内高外低,热水器正上方和排气管通过的地方不要有障碍物,尤其是电线明管、燃气管道和冷热水管。

②热水器背面不能有水管或电源线通过,如果一定要通过,禁止在热水器中心轴左后各 70 mm 范围内通过,防止热水器固定时打破管线。禁止燃气管道从热水器背面通过。

③热水器的烟道要有一定的角度,机器处高,洞口低,倾斜度在 5°左右。热水器尽可能与燃气灶、煤气表不在同一面墙体上。

④电源插座可根据燃气管道走向最终确定其位置,但必须与燃气管道和热水器的水平及垂直安全距离不小于 150 mm,本机电源线配置长度为 1.2 m。

⑤热水器进出水口的预留位置需与墙面相平。热水器主机周围需预留不少于 50 mm 的间距,保证氧气的供应,正前方需 600 mm,以便于检修。

⑥安装热水器时应使其排气不会受到换气扇和炉灶通风罩等排出的气流的影响,否则可能会导致不完全燃烧。

(二)冷热水供应系统的组成和加热设备、管道布置与敷设

1.冷热水供应系统的组成

(1)冷热水供应系统主要由热源、水加热器、热媒管网三部分组成。由锅炉生产的蒸汽(或高温热水)通过热媒管网送到水加热器加热冷水,经过热交换,蒸汽变成冷凝水,靠余压经疏水器流到冷凝水池,冷凝水和新补充的软化水经冷凝循环泵再送回锅炉加热为蒸汽,如此循环完成热的传递作用。对于区域性热水系统不需要设置锅炉,水加热器的热媒管道和冷凝水管道直接与热力网连接。

(2)热水管网由热水配水管网和热水回水管网组成。冷热水供应系统附件包括蒸汽和热水的控制附件、管道的连接附件、温度自动调节器、减压阀、安全阀、膨胀罐、疏水器、管道补偿器等。

2.冷热水供应系统的加热设备

(1)在冷热水供应系统中起加热并起储存作用的设备有容积式水加热器和加热水箱。仅起加热作用的设备为快速式水加热器,仅起储存热水作用的设备是储水器。

(2)水的加热设备是将冷水制备成热水的装置,主要有热水锅炉、直接加热水箱、水加热器等。

3.冷热水供应系统管道布置与敷设

(1)室内冷热水管道的布置要求在满足使用(水压、水量、水温)的情况下,力求管线最短、便于维修等,除满足冷水管网的布置与敷设要求外,还应注意由水温带来的体积膨胀、管道伸缩补偿、保温和排水等问题。

(2)管道铺设应横平竖直,同一直线段上的管道不得有接头。暗敷的排水管道须采用硬质管材,严禁使用软管。

(3)管卡设置要求:管卡安装必须牢固,距转角、仪表、龙头、管道终端约 100 mm 处均须设置管卡,管卡布置均匀,间距不得大于 800 mm。

(4)冷热水管道平行安装,左热右冷,上热下冷,如图2-66所示。

(5)给水管安装就绪后需要做通水试验和增压试验。冷水管试验压力为 0.6 MPa(6 kg),热水管试验压力为 0.8 MPa(8 kg)。恒压 10 min 压力下降不应大于 0.02 MPa,恒压 1 h 压力下降不大于 0.05 MPa。压力试验时,冷热水管应连通,如图2-67和图2-68所示。

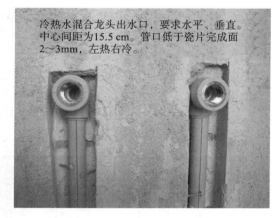

图 2-66　冷热水管道平行安装

图 2-67　热水管道压力试验

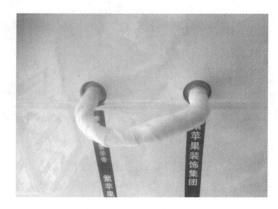

图 2-68　压力试验时冷热水管应连通

(6)冷热水管线布置应满足如下几点要求。

①一般宜明设,如建筑或工艺有特殊要求可暗设,但应便于安装和检修。明装管道尽可能布置在卫生间、厨房,敷设一般与冷水管平行。

②热水管道穿越建筑物顶棚、楼板和基础时应加套管,以防管道胀缩时损坏建筑物结构和管道设备。

③冷热水系统的横管应有不小于 0.003 的坡度,以便放气和泄气。

④上行下给式系统只需将循环管道与各立管连接。

⑤水加热器或储水器的冷水供水管上应装设止回阀,以防止水倒流或串流。

(7) 冷热水管区分方法。

①冷水管的耐受压力是 1.0 MPa 或 1.6 MPa,热水管的耐受压力是 1.6 MPa 或 2.0 MPa。

②冷水管与热水管因为要求的耐受压力不同,因此壁厚不同,价格也不同。热水管的管壁要比冷水管的管壁厚,价钱要贵,因此将热水管当冷水管用在经济上是不划算的。

③冷水管与热水管的受压能力不同,如果把冷水管用作工作压力较大的热水管容易造成管壁破裂。

④PPR 冷水管一般用作自来水管,热水管一般用作暖气连接管,也可用于热水器的热水管路。

⑤热水管上标志有红线,冷水管上标志有蓝线,并且有文字标识,也有耐受压力标志。另外,如果是同种规格的管,比较壁厚也能区分冷热水管。

⑥冷水管最高耐温不能超过 90 ℃,否则长期在热水状态下工作会很快老化、开裂,且热水管价格高于冷水管。

(8) 卫生间冷热水管安装准备工作。

①首先在冷热水管的接口、出口处须保持平行,一般习惯都是左边为热水管,右边为冷水管,管线的线路设计尽量不要弯曲,尽可能远离电路。

②冷水管和热水管之间不能太过于接近。

③卫生间有分冷热水管,在施工前要画好图纸。

④关于管卡的位置坡度,为了方便日后的使用和维护,每个阀门要安装平整。

(9) 卫生间冷热水管安装步骤。

①设计好管道平面布置的图纸,在确定符合要求后开始敷设管道。

②找到冷热水管的总阀门并将其关闭,将冷热水管道入口都连接到一个总阀门上,这样方便整体管理。

③将管道按照预定图纸平摆好,然后把相应的水管接到相应的管道。

冷热水管安装如图 2-69 和图 2-70 所示。

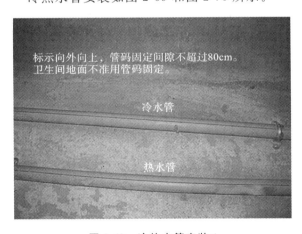

图 2-69　冷热水管安装 1

图 2-70　冷热水管安装 2

(10) 冷热水供应系统要做好保护措施。冷热水供应系统对管道、附件等的要求高,因为在冷热水输送过程中水的保温、热水引起的管道膨胀等问题都会对管道产生影响,要解决这一系列问题,就需要相应的保护措施。

三、学习任务小结

通过本次任务的学习,同学们已经初步了解了室内冷热水管道安装施工工艺的施工准备工作、施工步骤和施工工艺要求。同时,了解了室内冷热水管道安装施工应注意的施工质量问题和成品保护问题。课后,同学们要在老师的带领下走访室内装修施工现场,让理论知识与实践应用紧密结合起来。

四、课后作业

(1)每位同学制作 10 页室内冷热水管道安装施工工艺 PPT。

(2)参观室内冷热水管道安装工程的施工现场 1 次,参观完毕后撰写心得体会 1 篇,字数不少于 800 字。

学习任务四　室内排水排污管道安装施工工艺与构造

教学目标

（1）专业能力：学习室内排水排污管道安装施工工艺的基本知识，了解室内排水排污管道安装的优缺点，以及质量验收标准、检验方法。

（2）社会能力：通过对室内排水排污管道安装施工工艺的学习，能为以后的现场施工组织工作和监理工作打下扎实的基础。

（3）方法能力：资料收集能力、实践操作能力。

学习目标

（1）知识目标：掌握室内排水排污管道安装施工工艺。

（2）技能目标：掌握室内排水排污管道安装的施工流程和工艺，以及质量验收标准、检验方法。

（3）素质目标：理论与实操相结合，自主学习、细致观察并亲身体验。

教学建议

1. 教师活动

教师前期收集室内排水排污管道安装施工流程和工艺的实物、图片、视频等，用思维导图的方式加深对关键内容的理解，引导学生对室内排水排污管道安装施工流程和工艺进行分析和探讨。

2. 学生活动

学生根据学习任务进行课堂理论学习和实操练习，老师巡回指导。

一、学习问题导入

各位同学,大家好,今天我们一起来学习室内排水排污管道安装的施工工艺。人们在日常生活中会产生非常多的污水,这些污水大多数都是直接排放的。随着环境保护的要求越来越高,就需要将这些污水进行管道排放。这些排污管道的安装方法有哪些? 接下来,我们一起来学习和探讨。

二、学习任务讲解

(一)室内排水排污管道安装工艺要求

1. 室内排水排污管道材料要求

室内排水排污管道材料的要求是具有一定的强度,抗压抗折、抗冲刷、耐磨损,有抗腐蚀、浸蚀能力,不透水、内壁光滑、阻力小、价格便宜。

2. 常用的室内排水排污管道类型

常用的室内排水排污管道有混凝土管、钢筋混凝土管、陶土管、金属管、砖石浆砌或钢混大型管渠、石棉水泥管等。

(1)混凝土管和钢筋混凝土管。

混凝土管和钢筋混凝土管主要有三种形式,即承插式、企口式、平口式。其特点是管径不超过 450 mm,长度多为 1 m,可就地取材,价格较低,适合排除雨水和污水,但抗酸侵蚀性差、管节短、接口多、抗震差、搬运不便。钢筋混凝土管如图 2-71 所示。

(2)金属管。

常用的金属管是铸铁管和钢管,在外力较大或对渗漏要求较高的场合下使用。钢管使用时必须涂刷耐腐蚀的涂料,并注意绝缘,以防锈蚀。金属管如图 2-72 所示。

图 2-71 钢筋混凝土管

图 2-72 金属管

3. 排水管道上的附属构造物

(1)检查井。

检查井的作用是便于定期检查、清通管道。为了便于清通,检查井之间的管段应是直通的,既不弯曲,断面又没有变化,设置在管道交汇处、转弯、管道尺寸或坡度改变、跌水处及相隔一定距离的直线管段上。组成部分有基础、井底、井身、井盖和盖座,如图 2-73 所示。

(2)跌水井。

跌水井设置在检查井中,上下游管道的管底落差大于 2 m,跌水井内应有减速、防冲及消能设施,形式为竖管式。

(3)水封井。

当工业废水中含有能引起爆炸或火灾的气体时,管道中必须设置水封井。其作用是阻隔易燃气体流通,阻隔水面游火。其设置在产生上述废水的生产

图 2-73 检查井

装置、储蓄区等的废水排出口处,如图 2-74 所示。

(4)雨水溢流井。

在截流式合流制排水系统中,晴天时,管道中的污水全部送往污水厂进行处理,雨天时管道中的混合污水仅有一部分送污水厂处理,超过截流管道输水能力的那部分混合污水不做处理,直接排入水体。因此在合流管道与截流干管的交汇处应设置溢流井,其作用是将超过溢流井下游输水能力的那部分混合污水通过溢流井溢流排出,如图 2-75 所示。

图 2-74　水封井

图 2-75　雨水溢流井

(5)冲洗井。

当污水在管道内的流速不能保证自清时,为防止淤积可设置冲洗井。冲洗井有两种类型,即人工冲洗井和自动冲洗井。自动冲洗井一般采用虹吸式,其构造复杂,造价较高。

(6)换气井。

换气井是一种设有通风管的检查井。

(7)潮门井。

邻海、邻河城市的排水管道,往往会受到潮汐和水体水位的影响,为防止涨潮时潮水或洪水倒灌进入管道,可以在排水管道出水口上游的适当位置上设置装有防潮门的检查井。

(8)雨水口、连接暗井。

雨水口是设在雨水管道或合流管道上用来收集地面雨水径流的构筑物。地面上的雨水经过雨水口和连接管道流入管道上的检查井后进入排水管道。

(二)污水管道施工工艺流程

污水管道施工工艺流程:测量放线→第一次土方开挖→布置井点降水→沟槽开挖及支护→管道基础施工→铺设管道→污水井施工→闭水试验→沟槽回填。其施工方法要点如下。

(1)测量放线:根据设计图测设管道中心线和污水井中心位置,设立中心桩。管道中心线和井中心位置经监理复核后方可在施工中使用。根据施工管道直径大小,按规定的沟槽宽定出边线,开挖前用白粉划线来控制,在沟槽外井位置的两侧设置控制桩。

(2)土方开挖:按照测量放出的开挖线,将表层 1.5 m 厚的土层开挖。

(3)井点降水:由于污水管的埋深多在 2~3 m,管底最深为 3 m,为防止土层液化或管涌,沟槽采用板桩密排支撑,井点降水。

(4)铺设管道:所有管道接口处在管道就位后,覆土前包裹两层土工布,宽度为 800 mm,土工布接缝宽度为 200 mm。

(5)闭水试验:根据规范要求,污水管道必须逐节(两检查井之间的管道为一节)做闭水检验,检验合格后才能进行管道回填。

(6)沟槽回填:严格按设计要求,采用天然中细砂分层回填,每层 20 cm,浇水振捣,每层达到设计密度后再填第二层,并做好密实测定记录。

（三）局部污水处理与提升设备施工安装

局部污水处理与提升设备有排水检查井、集水池、污水泵、隔油池、降温池、化粪池等。其施工安装方法如下。

1. 排水检查井

室外排水管道的连接在下列情况下应采用检查井。

（1）在管道转变和连接支管处。

（2）在管道的管径、坡度改变处。

（3）生活排水管道不宜在建筑物内设检查井，必须设置时，应采取密闭措施。

（4）检查井的内容应根据所连接的管道管径数量和埋设深度确定，当井深小于 1 m 时，其内径可小于 0.7 m；井深大于 1.0 m 时，其内径不宜小于 0.7 m，如图 2-76 所示。

2. 污水泵和集水池

居住小区污水管道不能以重力自主排入市政污水管道时，应设置污水泵房，污水泵房应建成单独构筑物，并应有卫生防护隔离带。居住小区污水水泵的流量应按小区最大小时生活排水流量选定，水泵扬程应按提升高度、管路系统水头损失另附加 2～3 m 流出水头计算。

集水池设置要求如下。

（1）集水池除满足有效容积外，还应满足水泵装置、水位控制器、格栅等安装和检查要求。

（2）集水池设计最低水位，应满足水泵吸水要求。

（3）集水池底应有不小于 0.05 坡度坡向泵位，集水坑的深度及平面尺寸应按水泵类型而定。

（4）集水池底宜设置自冲管。污水泵如图 2-77 所示。

图 2-76　排水检查井

图 2-77　污水泵

3. 小型生活污水处理设施

小型生活污水处理设施分为隔油池、降温池和化粪池。

（1）隔油池：应设活动盖板，进水管应考虑有清通的可能，出水管管底至池底的深度不得小于 0.6 m，如图 2-78 所示。

（2）降温池：温度高于 40 ℃的排水，应首先考虑将所含热量回收利用，在不可能或回收不合理时，在室外排入城镇排水管道之前的地方设降温池；在间断排放污水时，应按一次最大排水量与所需冷水量的总和计算有效容积，连续排放时，应保证污水与冷却水能充分混合。应设排气管，排气管出口设置应符合安全、环保的要求。降温池如图 2-79 所示。

（3）化粪池：化粪池与连接井之间应设通气孔洞。化粪池进水口、出水口应设置连接井与进水管、出水管相连。化粪池的有效容积为污水部分和污泥部分容积之和。其容积应按污水在池内停留时间不小于 36 h 计算，污泥清除周期为 1 年。化粪池如图 2-80 所示。

图 2-78　隔油池

图 2-79　降温池

图 2-80　化粪池

三、学习任务小结

通过本次任务的学习,同学们已经初步掌握了室内排水排污管道安装工艺,以及局部污水处理与提升设备施工流程和工艺。同时,了解了室内排水排污管道安装验收标准和检验方法,对排水排污管道安装工艺有了全面的认识。课后大家要多收集相关的室内排水排污管道安装的知识和施工工艺,并到施工现场学习室内排水排污管道施工流程和工艺,将理论与实践紧密结合起来。

四、课后作业

(1)每位同学收集和整理有关室内排水排污管道安装施工工艺资料并制作成 PPT 文档 20 页。

(2)在老师的带领下到室内装饰工程施工现场去学习室内排污管道施工流程和工艺,并撰写 800 字的体验报告。

项目三　强弱电工程装饰材料与施工工艺

学习任务一　室内强弱电识图基础知识

教学目标

(1) 专业能力:了解关于强弱电的基本知识,能够识读基本的电路图。

(2) 社会能力:通过教师讲授、课堂师生问答、小组讨论,激发学生兴趣和求知欲。

(3) 方法能力:学以致用,加强实践,通过学习掌握强弱电的基本知识、使用特点和适用范围。

学习目标

(1) 知识目标:通过本次任务的学习,能够理解和掌握室内强弱电的基本知识。

(2) 技能目标:通过本次任务的学习,能够厘清电的基本知识,区别强弱电,并能举一反三地说明室内强弱电的使用特点和适用范围。

(3) 素质目标:自主学习、细致观察、举一反三,扩大学生的认知领域,提升专业兴趣,夯实室内装饰施工基础。

教学建议

1. 教师活动

(1) 教师前期收集关于电路工程基本知识的图片和视频资料,并运用多媒体课件、教学视频等多种教学手段,让学生直观地学习强弱电基础知识,从而提高学生的学习兴趣。

(2) 深入浅出地进行室内强弱电知识点讲授和应用案例分析。

2. 学生活动

(1) 认真听课、看课件、看视频,思考室内强弱电的设计思路;记录问题,积极思考问题,与教师良性互动,解决问题;总结,做笔记、写步骤、举一反三。

(2) 细致观察、学以致用,以小组为单位进行室内强弱电资料的收集和整理。

一、学习问题导入

各位同学,大家好,请观察图 3-1 所示的室内装饰中常见的电箱,其中分为强电箱与弱电箱。那如何区分两个电箱呢?

强电箱的安装位置较高,一般在离地面 1.5 m 高的墙面处。弱电箱则安装在公共区域,是室内的分支接线盒,一般高度为 0.3～0.5 m。今天我们一起来学习室内装饰施工中关于强弱电的基本知识。

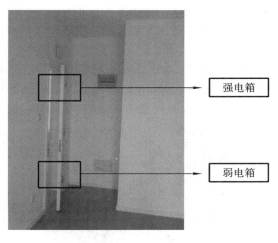

图 3-1　电箱图

二、学习任务讲解

(一)强电电路图的基本常识

强电通常是指电力系统中的电,比如 220 V 的照明电、1000 V 的工业用电等。强电的特点是电压高、频率低、电流大,常用来驱动大功率的电力设备。强电系统包括城市居民供电系统、照明系统等供配电系统,如动力线、高压线,以及室内照明灯具、电热水器、取暖器、冰箱、空调、插座、电视机、音响设备等强电电气设备。从电压等级上划分,强电一般是 110 V 以上,220 V 和 380 V 是最常用的,而弱电一般是 60 V 以下。

1. 强电配电箱系统图识图

(1)配电箱系统图实例。

图 3-2 所示为某办公室的配电箱系统图,系统图中包含线路和图元,分别用不同的英文字母来表示,要熟悉这些字母的基本含义,以便更准确地理解配电箱系统图。图中相关标注的解读如下。

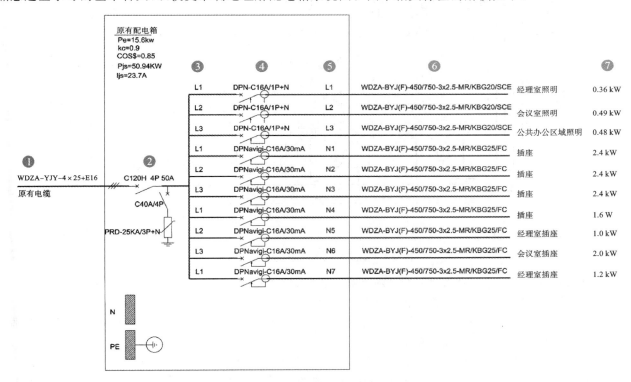

图 3-2　某办公室配电箱系统图

①配电箱进线,从图中可以看出本配电箱是一路常用电源,原有电缆进线。

WDZA-YJY-4×25＋E16 为电缆型号,指的是无卤低烟 A 级阻燃(铜芯)交联聚乙烯绝缘聚烯烃护套 5 芯(4＋1)电力电缆。WDZA 是类别、用途代号,WD 表示低烟无卤型,ZA 表示 A 级阻燃;YJ 是绝缘种类代号,表示交联聚乙烯;Y 是内护层,代表聚乙烯护套;4×25＋E16 是导体材料,表示 4 根 25 平方毫米线芯加

1 根 16 平方毫米线芯,如图 3-3 所示。

②进线空气开关断路器,C120H 4P 50A 指的是施耐德 C120H 的小型断路器的型号,4P 表示 4 极,额定分断电流 50A。

空气开关,也叫空气开关断路器,是一种只要电路中电流超过额定电流就会自动断开的开关。它不仅能使电路接触和分断,还能对电路或电气设备发生的短路、严重过载及欠电压等进行保护。如图 3-4 所示,1P、2P、3P、4P 在系统图中代表空气开关的极位的意思。

图 3-3 电缆

图 3-4 1P/2P/3P/4P 空气开关断路器

③出线回路,本配电箱 L1、L2、L3 表示三相电为 380 V,适用于企业和工厂。

L1、L2、L3 表示 A、B、C 三相。交流配电母线 L1、L2、L3 三相的涂色一般分别是黄、绿、红。工作零线,保护接地线,每一相和工作零线构成一个回路,如图 3-5 所示。

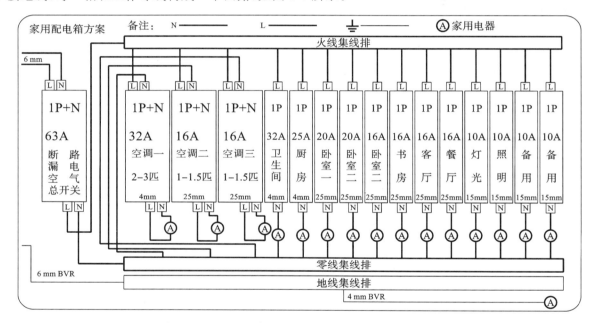

图 3-5 家庭配电箱系统接线方法图示

④分断路器,DPN 是施耐德微型空气断路器,漏电保护开关。

DPN-C16A/1P+N:16A 为额定电流,1P+N 为单极+N 断路器。

DPNavigi-C16A/30 mA:vigi 表示漏电脱扣附件,DPNavigi 代表断路器+漏电保护脱扣功能;C 型脱扣曲线脱扣,额定电流 16A;漏电动作电流 30 mA。

⑤L1、L2、L3 表示总开关负载侧输出 3 个回路。N1、N2、N3、N4、N5、N6、N7 表示开关共 7 个回路。

⑥电线种类,WDZA-BYJ(F)指无卤低烟阻燃 A 级交联聚乙烯绝缘的电线。450/750:450 线对地耐压,750 线对线耐压。3×2.5:3 根 2.5 平方毫米电线。MR/KBG25/FC:MR 代表金属线槽敷设,KBG25 代表扣压式金属直径 25 mm 的电线管,FC 代表线是沿地板或地面下进行敷设。

⑦额定功率说明。

(2)配电图敷设方式。

配电图敷设方式常见符号对照表如表 3-1 所示。

表 3-1　配电图敷设方式常见符号对照

字 母 符 号	敷 设 方 式	字 母 符 号	敷 设 方 式
AB	沿或跨梁(屋架)敷设	SCE	吊顶内敷设
BC	暗敷设在梁内	FC	地板或地面下敷设
AC	沿或跨柱敷设	SC	穿焊接钢管敷设
CLC	暗敷设在柱内	MT	穿电线管敷设
WS	沿墙面敷设	PC	穿硬塑料管敷设
WC	暗敷设在墙内	FPC	穿阻燃半硬聚氯乙烯管敷设
CE	混凝土排管敷设	TC	电缆沟敷设
CC	暗敷设在屋面或顶板内	MR	金属线槽敷设
CP	穿金属软管敷设	M	用钢索敷设
CT	电缆桥架敷设	DB	直接埋设
KPC	穿聚氯乙烯塑料波纹电线管敷设		

2. 开关灯具布置图识图

（1）图例解读。

某开关灯具图例说明如图 3-6 所示。

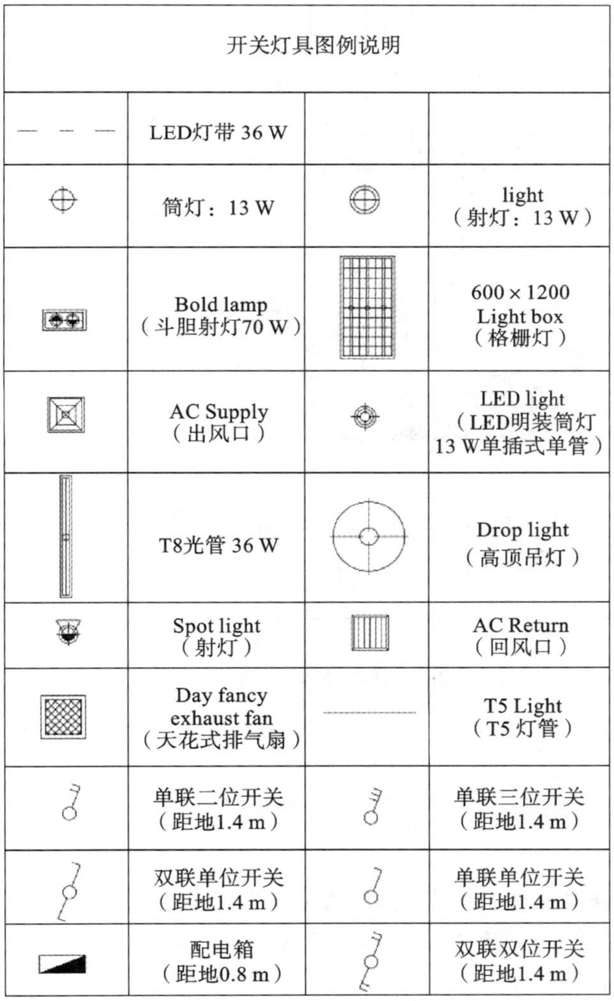

图 3-6　某开关灯具图例说明

（2）实例图示。

图 3-7 所示为某办公室开关灯具布置图，通过识别图上开关、灯具的图例了解不同位置安装不同种类和数量的开关与灯具，并将开关与之对应被控制的灯具进行连线。

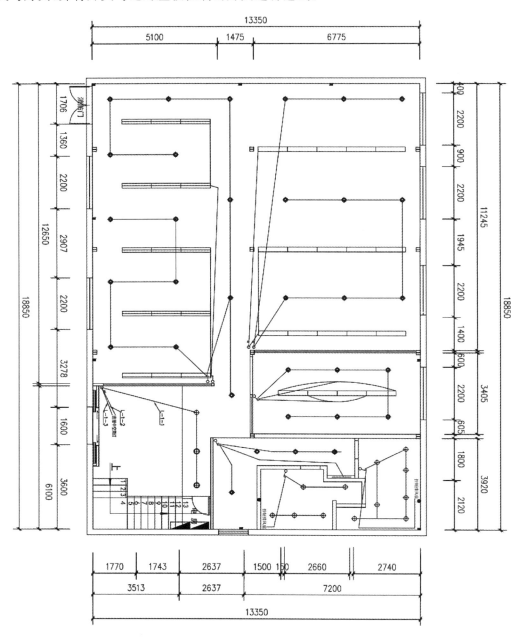

图 3-7　某办公室开关灯具布置图

3. 强电插座布置图识图

（1）图例解读。

某强电插座图例说明如图 3-8 所示。

（2）实例图示。

图 3-9 所示为某办公室强电插座平面布置图，通过识别图上不同插座的图例了解每个插座的安装位置、数量和种类，包括配电箱的数量、位置和金属线槽的位置、长度等。

（二）弱电电路图的基本常识

弱电在日常生活中很常见，几乎所有的电子产品中都存在弱电。相对于强电而言，弱电是指传递信号

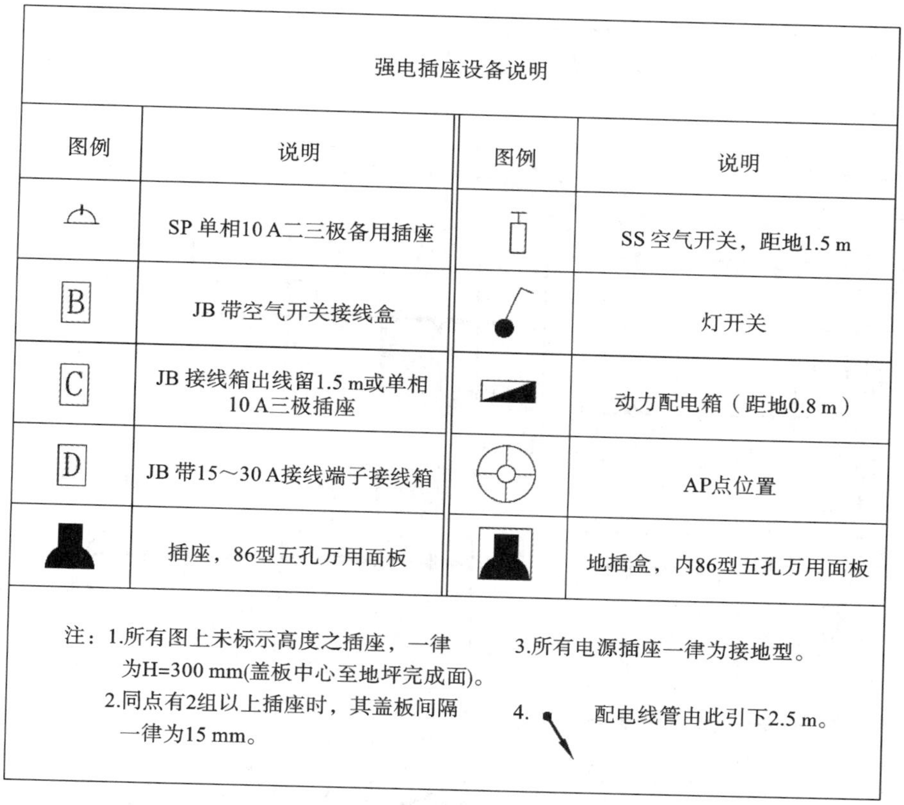

强电插座设备说明			
图例	说明	图例	说明
⌒	SP 单相10 A二三极备用插座		SS 空气开关，距地1.5 m
B	JB 带空气开关接线盒	●	灯开关
C	JB 接线箱出线留1.5 m或单相10 A三极插座	◣	动力配电箱（距地0.8 m）
D	JB 带15～30 A接线端子接线箱	⊕	AP点位置
▬	插座，86型五孔万用面板	▬	地插盒，内86型五孔万用面板
注：1.所有图上未标示高度之插座，一律为H=300 mm(盖板中心至地坪完成面)。 2.同点有2组以上插座时，其盖板间隔一律为15 mm。		3.所有电源插座一律为接地型。 4. ✎ 配电线管由此引下2.5 m。	

图 3-8　某强电插座图例说明

所需要的电流和电压。弱电特点是电流小、频率高、电压小。弱电与强电的根本区别是，强电是以供电传输为目的，而弱电是以数据传输为目的。弱电应用范畴非常广泛，包括住宅、办公大楼、酒店、医院、监狱、学校、车站、机场等。在室内装饰中通过使用弱电使现代化建筑具有智能、安全、节能、舒适的特征。

弱电主要分为两类：一类弱电是我国规定的安全电压等级(42 V、36 V、24 V、12 V、6 V)和控制电压等低电压电能，并有交流电与直流电之分，交流电压为 36 V 以下，直流电压为 24 V 以下，如 24 V 的直流控制电源、应急照明灯备用电源、楼宇自动控制(如门禁和安防)等。另一类弱电是载有语音、图像、数据等信息的信息源，如家用电话、电脑、电视机(有线电视线路)、音响设备(输出端线路)、广播系统、网络线路等均为弱电电气设备，直流电压一般在 36 V 以内。常见的弱电子系统如下所示。

①综合布线工程，支撑整个弱电系统的重要组成部分。

②计算机网络系统、设备和线路。

③电视信号工程，如电视监控系统、有线电视。

④通信工程，包括民用通信工程与工业通信工程，如电话、传真机。

⑤消防报警系统。

⑥扩声与音响工程，音乐和广播系统。

⑦保安监控系统。

⑧出入口控制、停车收费系统。

⑨楼宇自控与家居智能化系统。

1．弱电插座布置图

(1)图例解读。

某弱电插座图例说明如图 3-10 所示。

(2)实例图示。

图 3-11 所示为某办公室弱电插座平面布置图，通过识别图上不同插座的图例了解每个插座的安装位置、数量和种类。

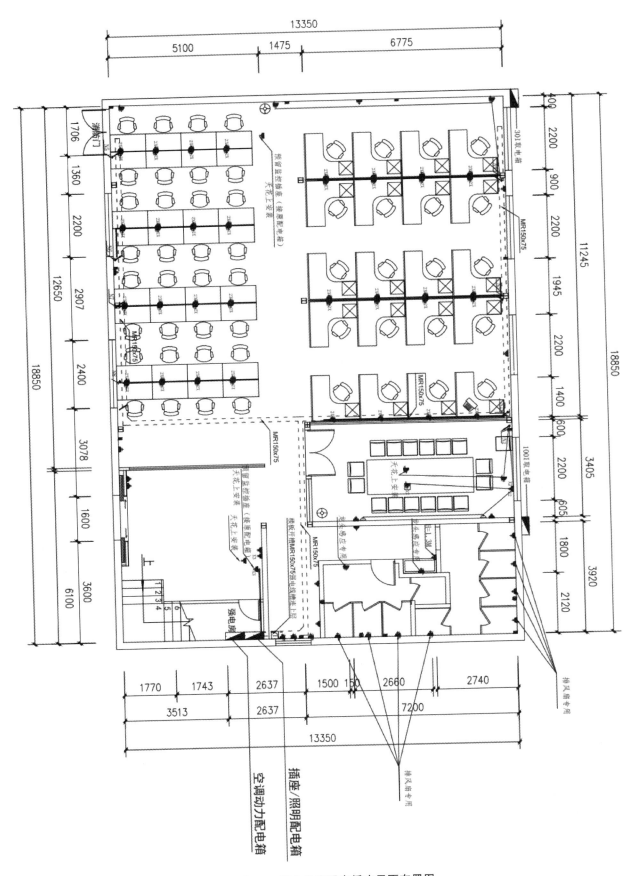

图 3-9　某办公室强电插座平面布置图

弱电插座设备说明

图例	说明	图例	说明
⊕	无线AP接入点	H⊢	HDMI接口
T⊢	电话信号插座	V	VGA接口 插座，置于地插盒内
E⊢	电脑网络信号插座	H	HDMI接口 插座，置于地插盒内
T	电话信号插座，置于地插盒内	E⊢	电脑网络信号插座， 置于地插盒内

图 3-10　某弱电插座图例说明

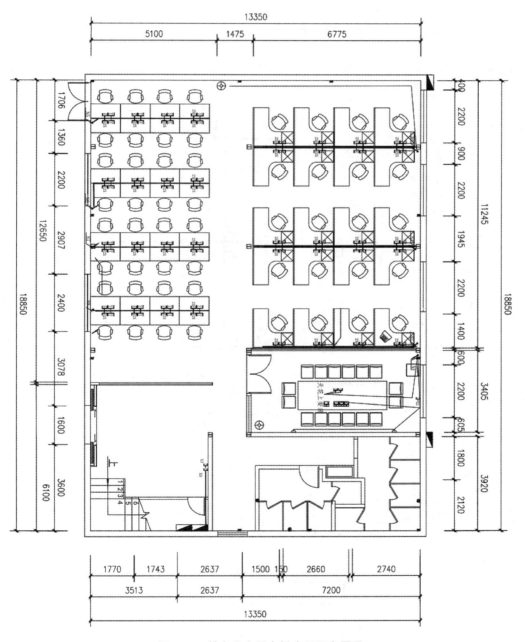

图 3-11　某办公室弱电插座平面布置图

图例	说明	数量
Ⓔ	网络点	197
Ⓣ	语音点	108
⊕	AP（网络信号点）	6
Ⓥ	VGA跳线	2
Ⓗ	HDMI接口	2

图 3-12　某弱电网络信息点图例与数量

2．网络信息点布置图

（1）图例解读。

某弱电网络信息点图例与数量如图 3-12 所示。

（2）实例图示。

图 3-13 所示为某网络信息点布置图，包括每个弱电网络信息点的数量和位置分布。

3．监控系统布置图

（1）图例解读。

某监控系统布置图图例如图 3-14 所示。

（2）实例图示。

某监控系统布置图如图 3-15 所示。

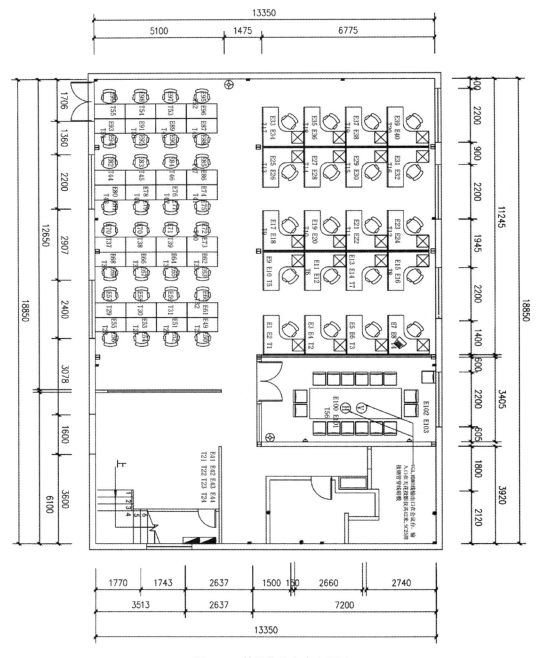

图 3-13　某网络信息点布置图

图例	说明	数量	备注
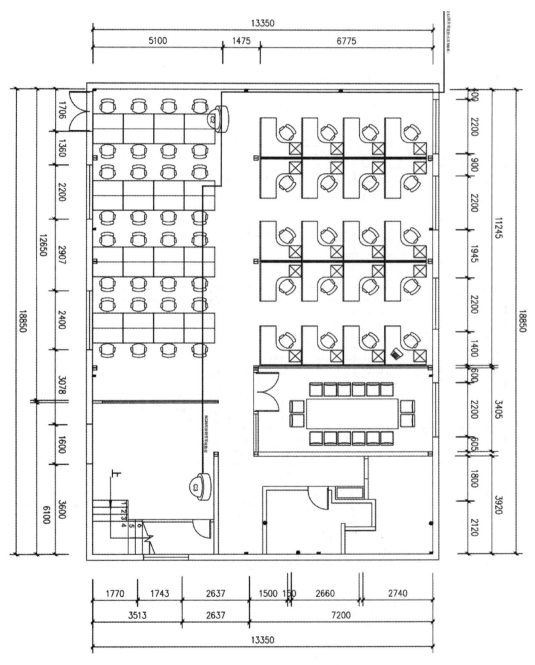	网络半球摄像机	3台	
———	SC25焊接钢管 穿线敷设		

图 3-14 某监控系统布置图图例

图 3-15 某监控系统布置图

4. 门禁系统图

（1）图例解读。

某门禁系统布置图图例如图 3-16 所示。

符号	名称	数量
DOOR	门禁控制器	1
⊙	出门按钮	1
◇E	电插锁	1
▭	门禁读卡器	1

图 3-16　某门禁系统布置图图例

（2）实例图示。

某门禁系统布置图如图 3-17 所示。

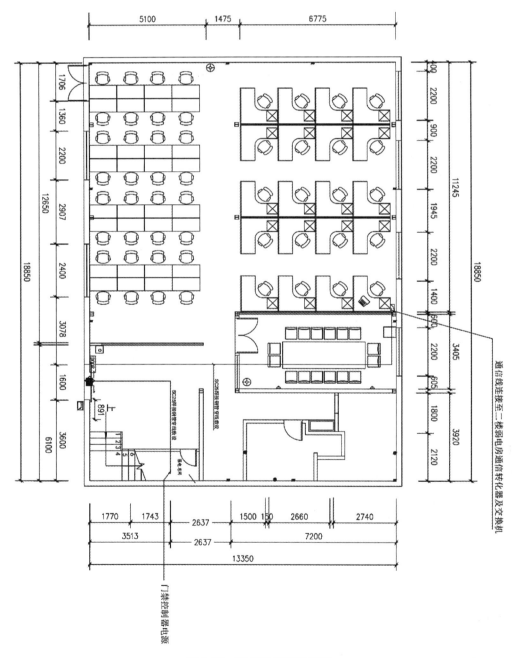

图 3-17　某门禁系统布置图

三、学习任务小结

通过本次任务的学习,同学们已经初步了解了室内装饰工程中强弱电的基本知识,对室内装饰工程电路图也有了基本的认识。在室内装饰工程中强弱电的应用是非常广泛的。同学们课后还要通过学习和社会实践,进一步掌握室内强弱电的施工流程和工艺。

四、课后作业

（1）每位同学回顾和总结强弱电的基本原理和知识。

（2）每位同学参考强弱电识图的方法,利用 AutoCAD 软件,根据已经设计好的平面布置图绘制出相应的强弱电电路图。

学习任务二 室内强弱电施工工具与材料

教学目标

（1）专业能力：了解室内强弱电管线配件材料与工具的基本知识。

（2）社会能力：通过教师讲授、课堂师生问答、小组讨论，开阔学生视野，激发学生兴趣和求知欲。

（3）方法能力：学以致用，加强实践，通过不断学习和实际操作，掌握室内强弱电工程材料的基本知识、使用特点、适用范围等。

学习目标

（1）知识目标：掌握室内强弱电材料与工具的基本知识。

（2）技能目标：能进行室内装饰工程中强弱电的施工工具和材料的选择和使用。

（3）素质目标：自主学习、细致观察、举一反三，理论与实操相结合，开阔视野，扩大认知领域，提升专业兴趣，增强室内电路施工的实操能力。

教学建议

1. 教师活动

（1）教师前期收集各种室内强弱电施工过程用到的工具与材料样板、图片和视频等资料，并运用多媒体课件、教学视频等多种教学手段，提高学生对室内强弱电材料和工具的直观认识。

（2）深入浅出地进行室内强弱电材料和工具知识点讲授和应用案例分析。

2. 学生活动

（1）认真听课、看课件、看视频，理解室内强弱电材料和工具的使用方法；记录问题，积极思考问题，与教师良性互动，解决问题；总结，做笔记、写步骤、举一反三。

（2）细致观察、学以致用，积极进行室内强弱电材料与工具的交流和讨论。

一、学习问题导入

各位同学,大家好,本次课我们一起来学习室内强弱电施工的材料和使用的工具。目前室内大多数电路都是采用暗装的方式,电线被埋在墙体内,可以更好地美化室内空间,但缺点是一旦出现问题,不但修理起来很麻烦,而且还会存在安全隐患。因此在电路的材料选择上就要特别注意,选购的产品必须符合国家标准并达到电路改造的要求。

二、学习任务讲解

(一)室内强弱电施工常用工具

室内强弱电施工常用工具根据施工流程分为识图测量划线工具、开槽施工工具、电线施工工具、验收工具等。

1. 识图测量划线工具

在敷设电路之前,需要根据电路布置图进行现场划线定位。常用的工具有钢卷尺、激光水平仪、墨斗划线器、水平尺等,如表 3-2 所示。

表 3-2　识图测量划线工具

名　称	图　示	用　途
卷尺		卷尺是建筑和装修常用工具,测量较长物体的尺寸或距离。卷尺有钢卷尺和皮尺两种,长度有 3 m、5 m、20 m、30 m、50 m 等
激光水平仪		激光水平仪是可以投影形成水平和垂直激光线的仪器。用于辅助画放样线和检测线是否平直
墨斗划线器		墨斗是中国传统木工行业中极为常见的工具。通常被用于测量和房屋建造等方面。从墨斗中拉出墨线,放到指定位置上,绷紧,提起墨线后松手,即可弹出黑线。墨线清晰纤细,不易去除

名　称	图　示	用　途
水平尺		水平尺用于检验、测量、划线、设备安装、工业工程的施工。水平尺重量较轻,带有水准泡,可用于调试设备是否安装水平

2. 开槽施工工具

管路开槽需要用到专业的开槽工具,主要用于墙面的开槽工作。在墙面上根据施工要求划好布线图,然后使用开槽机在墙面上滚动,可以通过调节滚轮的高度来控制开槽的深度。在开槽施工过程中,常用的开槽工具有开槽机、云石机、电锤、锤子、防尘口罩等,如表 3-3 所示。

表 3-3　开槽施工常用工具

名　称	图　示	用　途
开槽机		开槽机操作方便,能开出深度与宽度统一的线管槽,灰尘少,效率高,线槽标准,可调节开槽深度、宽度,可连接吸尘器与雾化器,减少灰尘
云石机 (石材切割机)		适用于建筑装潢、石材加工,对水磨石、大理石、花岗岩、玻璃、水泥制板等材料进行切割、开槽作业。它具有切削效率高、加工质量好、使用简便、劳动强度低的优点,不同的材料选择相适应的切割片
电锤		主要用来在砖墙、楼板、混凝土和石材上钻孔。线管、底盒开槽、管卡固定、灯具安装都需要电锤。优点是孔径大、钻进深度大、效率高
锤子 羊角锤(左) 楔形锤(中) 八角锤(右)		锤子用来敲打物体使其移动或变形。锤头的形状有羊角、楔形、八角等,不同场合使用不同的锤子。在电路明线安装、开槽、砸除时使用较多
防尘口罩		防尘口罩具有双滤棉,自吸过滤式防颗粒物呼吸器,为特种劳动防护用品

3. 电线施工工具

在电线敷设的过程中,常用的施工工具有螺丝刀、电工钳、扳手、弯管器、弯管弹簧、剪管器、管钳、电工刀、电工穿线器等,如表 3-4 所示。

表 3-4　电线施工常用工具

名　　称	图　　示	用　　途
螺丝刀 一字螺丝刀(上) 十字螺丝刀(下)		螺丝刀是用来拧转螺丝钉迫使其就位的工具,一字螺丝刀通常有一个薄楔形头,可插入螺丝钉头的槽缝或凹口内
电工钳 尖嘴钳(上) 斜口钳(中) 剥线钳(下)		电工钳是一种用于夹持、固定加工工件或者扭转、弯曲、剪断金属丝线的手工工具。钳子的外形呈 V 形,通常包括手柄、钳腮和钳嘴三个部分。钳的手柄依握持形式有直柄、弯柄和弓柄三种。钳的类型有钢丝钳、尖嘴钳、斜口钳和剥线钳
扳手 活动扳手(上) 固定扳手(下)		1. 固定扳手:一端或两端制有固定尺寸的开口,用以拧转一定尺寸的螺母或螺栓。 2. 活动扳手:开口宽度可在一定尺寸范围内进行调节,能拧转不同规格的螺栓或螺母。活动扳手的结构特点是固定钳口制成带有细齿的平钳凹;活动钳口一端制成平钳口;另一端制成带有细齿的凹钳口;向下按动蜗杆,活动钳口可迅速取下,调换钳口位置
弯管器		弯管器有多种,用于电工排线布管和电线管的折弯排管等。适用于铝塑管、铜管等,使管道弯曲工整、圆滑、快捷,不产生变形及裂变
弯管弹簧		在弯管时,将型号合适的弹簧插入需要折弯的 PVC 管材内,手握管材两端用力折弯到需要的角度,然后抽出弹簧即可。使用弯管弹簧可以更好地保护 PVC 管,不易折坏

名　　称	图　　示	用　　途
剪管器	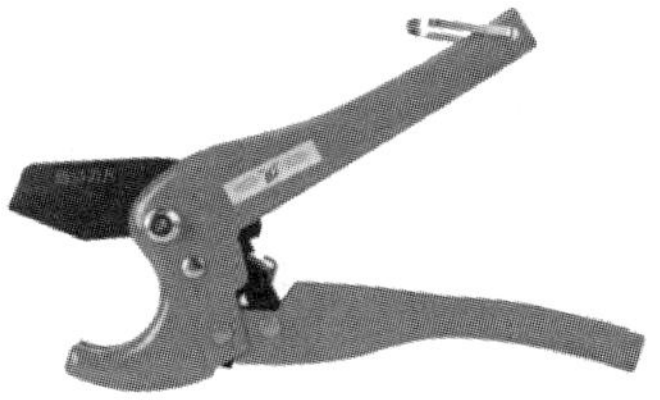	剪管器又称管子割刀,可用于切割 PVC、PPR 管。切割直径尺寸有 33 mm、36 mm、42 mm
管钳		在管道管件连接时,用来紧固或松动的工具。新型管钳对于金属管件、陶瓷管件、薄壁管件、塑料管件等进行夹持、旋转,并不产生咬痕,不损伤管件表面
电工刀	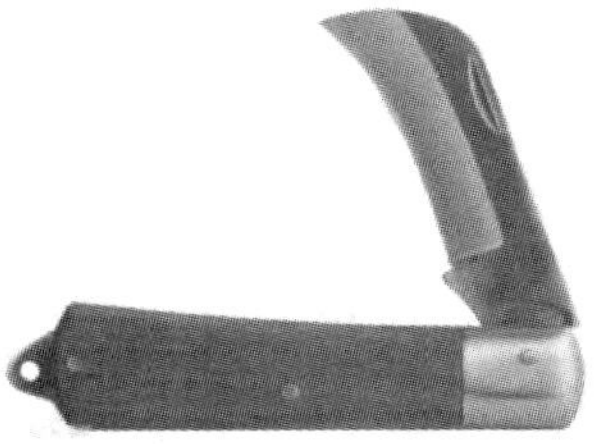	电工刀是电工常用的一种切削工具。普通的电工刀由刀片、刀刃、刀把、刀挂等构成。不用时,把刀片收缩到刀把内
电工穿线器		线管埋完后穿线使用,传统方法是使用两根带钩钢丝绳。电工穿线器是利用电线的牵引头穿过线头再用专业的束紧器固定。这种束紧器不仅固定效果好,而且施工方便,节省穿线的时间

4. 验收工具

在完成电路布线之后,需要对电路进行检测。常用的验收工具有万用表、兆欧表、试电笔等,如表 3-5 所示。

表 3-5　验收常用工具

名　　称	图　　示	用　　途
万用表 指针万用表(左) 数字万用表(右)	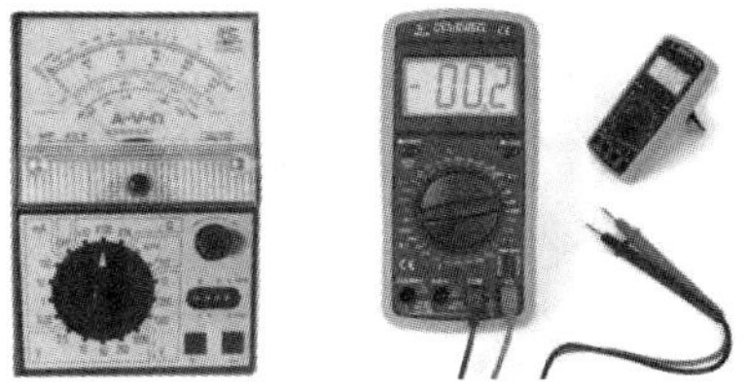	万用表又称为复用表、多用表、三用表、繁用表等,是电力电子等部门不可缺少的测量仪表,一般以测量电压、电流和电阻为主要目的。万用表按显示方式分为指针万用表和数字万用表

名　　称	图　　示	用　　途
兆欧表 （绝缘电阻测量仪）		兆欧表是电工常用的一种测量仪表,主要用来检查电气设备、家用电器或电气线路对地及相间的绝缘电阻,以保证这些设备、电器和线路处于正常工作状态,避免发生触电伤亡及设备损坏等事故
试电笔		试电笔也叫测电笔,简称"电笔",用来测试电线中是否带电。使用时,一定要用手触及试电笔尾端金属部分,带电体、试电笔、人体与大地形成回路,笔体中有一氖泡发光,说明导线有电或为通路的火线

（二）室内强弱电施工常用材料

1. 电线

电线根据敷设条件的不同,可选用一般塑料绝缘电缆、钢带铠装电缆、钢丝铠装电缆、防腐电缆等。一般家庭常用的电线规格是 $1.5\ mm^2$、$2.5\ mm^2$、$4\ mm^2$、$6\ mm^2$,如图 3-18 所示。

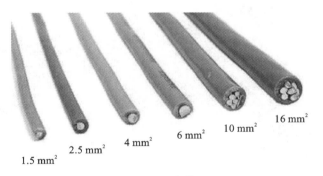

图 3-18　电线

（1）电话线。

电话线是给电话机用的,由铜芯线构成,芯数可决定可接电话分机的数量,常见的规格有二芯、四芯。家庭装修中一般使用二芯电话线,若需要连接传真机或者电脑拨号上网,可选用四芯电话线。电话线可以用网线来代替,现在就有一些家庭的电话是通过网线连接的,如图 3-19 所示。

（2）电视线。

用于传输电视信号的线目前主要有有线电视同轴电缆和数字电视同轴电缆两种,有线电视同轴电缆采用双屏蔽电缆,用于传输数字电视信号时会有一定的损耗。数字电视同轴电缆采用的是四屏蔽电缆,既能传输数字电视信号,也能够传输有线电视信号,如图 3-20 所示。在抗干扰性方面,四屏蔽电缆优于双屏蔽电缆,用美工刀把它们解破开就能够比较出来。新居装修建议采用数字电视同轴电缆。

（3）网线。

网线主要有双绞线、同轴电缆、光缆三种。

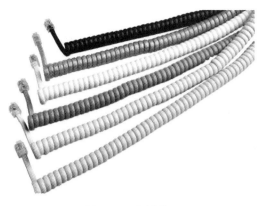

图 3-19　电话线

图 3-20　电视线

双绞线：是由许多对线组成的数据传输线，分为 STP 和 UTP 两种，STP 的双绞线内有一层金属隔离膜，在数据传输时可以减少电磁干扰，所以它的稳定性较高，常用的是 UTP。网线没有金属膜，所以稳定性较差，但它的优势在于价格便宜，如图 3-21 所示。

同轴电缆：是由一层层的绝缘线包裹着中央铜导体的电缆线。它的特点是抗干扰能力好，传输数据稳定，价格便宜，同样被广泛使用。

光缆：是目前最先进的网线，由许多根细如发丝的玻璃纤维外加绝缘套组成。由于靠光波传送，它的特点就是抗电磁干扰性极好，保密性强，速度快，传输容量大等。

（4）影音线。

影音线是用于实现音乐、视频的传输的线路，主要有音响线、音频线和音视频线，如图 3-22 所示。音响线通俗的叫法是喇叭线，主要用于客厅里家庭影院中功率放大器和音箱之间的连接，音频线用于把客厅里家庭影院中激光 CD 机、DVD 等的输出信号，送到背景音乐功率放大器的信号输入端子，主要用于家庭视听系统。

图 3-21　网线

图 3-22　影音线

2. 线管

电路施工有明装与暗装两种方式。电线必须采用穿管的方式来敷设。电线穿管的目的是保护电线，延长电线使用寿命，同时方便日后维修。线管又叫电线套管、电线护套线，主要分为 PVC 管与镀锌钢管两种类型的材料，常见尺寸有 16 mm、20 mm、25 mm、30 mm、40 mm、50 mm。

（1）PVC 管。

在家居装饰中最常采用的线管是 PVC 管，如图 3-23 所示。PVC 管配管方便，可暗埋也可以明装，具有很好的绝缘性和抗压、抗腐蚀性，物理性质稳定。PVC 穿线管主要有以下几点作用：一是保护电线；二是PVC 穿线管可以加大电线的负荷，让电线散热，延长电线的老化程度；三是 PVC 穿线管维修简便，不是重大问题不用打墙；四是发生电气火灾时好的线管可以减少破坏损失。

图 3-23 PVC 管

（2）镀锌钢管。

镀锌钢管如图 3-24 所示，镀锌穿线管运用在电路中，是利用了其柔软性、反复弯曲性、耐腐蚀性和耐高温性等特性。

（3）PVC 线槽。

PVC 线槽，即聚氯乙烯线槽，一般通用叫法有行线槽、电气配线槽、走线槽等。主要用于电气设备内部布线，方便配线，而且布线整齐，便于查找、维修和调换线路。线槽的种类多种多样，常用的有环保阻燃 PVC 线槽、无卤 PPO 线槽、无卤 PC/ABS 线槽、钢铝等金属线槽等。

PVC 可耐碱和大多数无机酸，如发烟硫酸、浓硝酸、多数有机和无机盐以及过氧化氢等，并且力学性能优良、强度高。可以根据不同的用途和对线槽的要求，设计成不同的形状。

PVC 线槽的品种规格很多，从型号上讲有 PVC-20 系列、PVC-25 系列、PVC-25F 系列、PVC-30 系列、PVC-40 系列、PVC-40Q 系列等。PVC 线槽规格有 20 mm×12 mm、25 mm×12.5 mm、25 mm×25 mm、30 mm×15 mm、40 mm×20 mm、14 mm×24 mm、18 mm×38 mm 等。PVC 线槽如图 3-25 所示。

图 3-24　镀锌钢管

图 3-25　PVC 线槽

3. 开关、插座

常见开关、插座种类如图 3-26、图 3-27 所示。

（1）开关的种类。

①按照用途分类：波动开关、波段开关、录放开关、电源开关、预选开关、限位开关、控制开关、转换开关、隔离开关、行程开关、墙壁开关和智能防火开关等。

②按照结构分类：微动开关、船型开关、钮子开关、拨动开关、按钮开关、按键开关、薄膜开关和点开关等。

③按照接触类型分类：开关按接触类型可分为 a 型触点开关、b 型触点开关和 c 型触点开关三种。接触类型是指，"操作（按下）开关后，触点闭合"这种操作状况和触点状态的关系。需要根据用途选择合适接触类型的开关。

④按照开关数分类：单控开关、双控开关、多控开关、调光开关、调速开关、门铃开关、感应开关、触摸开

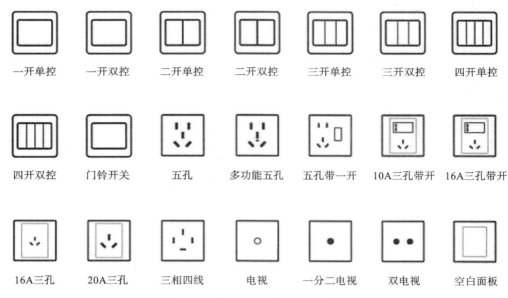

| 一开单控 | 一开双控 | 二开单控 | 二开双控 | 三开单控 | 三开双控 | 四开单控 |

| 四开双控 | 门铃开关 | 五孔 | 多功能五孔 | 五孔带一开 | 10A三孔带开 | 16A三孔带开 |

| 16A三孔 | 20A三孔 | 三相四线 | 电视 | 一分二电视 | 双电视 | 空白面板 |

图 3-26　常见开关、插座种类 1

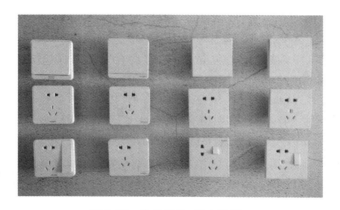

图 3-27　常见开关、插座种类 2

关、遥控开关、智能开关、插卡取电开关和浴霸专用开关。

（2）插座的种类。

①民用插座、工业用插座、防水插座，普通插座、电源插座，电脑插座、电话插座，视频、音频插座，移动插座、USB 插座。

②电源插座：具有与插头的插销插合的插套，并且装有用于连接软电缆的端子的电器附件。

③固定式插座：与固定布线连接的插座。

④移动式插座：连接到软电缆上或与软电缆构成整体的，而且在与电源连接时易于从一地移到另一地的插座。

⑤多位插座：两个或多个插座的组合体。

⑥器具插座：预计装在电器中的或固定到电器上的插座。

⑦可拆线插头或可拆线移动式插座：结构上能更换软电缆的电器附件。

⑧不可拆线插头或不可拆线移动式插座：由电器附件制造厂进行连接和组装后，在结构上与软电缆形成一个整体的电器附件。

（3）选购开关、插座的方法。

①选择开关、插座的时候，首先要选择其外壳材质，材质的质量决定开关、插座的质量。市场上好的开关产品一般选用 PC 料，PC 料又叫防弹胶，抗冲击，耐高温，不易变色，这些特性对于控制电器的开关来说很重要。一般来说 PC 料质量是比较好的，其次是电玉粉和 ABS 材质的。

触点材料主要有银镍合金、银镉合金和纯银三种。银镍合金是目前比较理想的触点材料,导电性能、硬度比较好,也不容易氧化生锈。

②在选择的时候还要关注产品的表面是否光滑,有没有毛刺,一般质量比较好的产品,其制作工艺也比较精细。若产品的外观做工比较粗糙,并且几乎没有质感,是肯定不能选购的。

③一般质量比较好的电器或者有关电的设备都会有一个3C证明,在选购开关插座的时候,一定要仔细查看商家能否提供这个证书。如果可以提供,则表明开关插座的质量还可以,如果不行,则不能购买。

④在选择的时候,还可以用手摸一下开关、插座的表面,如果摸起来比较顺滑,则说明其质量是比较好的。

⑤在挑选的时候,还可以通过重量对比来选择质量好的产品。一般质量比较好的产品,其载流件常使用锡磷青铜,抗疲劳强度高,耐腐蚀性、抗氧化性出色,长期使用也不会出现表面被氧化、变色的情况,如图3-28所示。

⑥现在的开关主要是大翘板式的,外观和手感都比以前

图3-28 锡磷青铜载流件

拇指式的要好。大翘板开关很大程度减少了手与面板缝隙之间的接触,预防了因手部潮湿造成的意外触电事件。

4. 其他电路改造材料与配件

其他电路改造材料与配件如表3-6所示。

表3-6 其他电路改造材料与配件

名　　称	图　　示	用　　途
家用配电箱 (固定面板式)	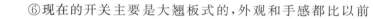	固定面板式开关柜,常称开关板或配电屏。防护等级较低,适合家用和小型办公用
连接配件	弯头　直通　三通　管接头 大弧度弯头　带盖三通　带盖弯头　波纹管锁扣 大小直通　异径管接头　U形管卡　管卡	连接配件接头较多使用左图的种类。如锁扣锁母、接头、直通、弯头、管卡、三通、线盒等
绝缘胶布		绝缘胶布是一种电工类耗材,又称电工胶布,用于包扎裸露的线头或金属,使之达到绝缘的效果,避免意外触电或短路

名　称	图　示	用　途
PVC 胶黏剂		PVC-U 胶黏剂具有操作简单、黏结强度高、密封性能好、耐寒热、耐介质性强等优点,主要用于建筑电气导线管以及农业灌溉、工业排污等工程使用的 PVC 管材管件黏结
网络交换机		交换机(switch)意为"开关",是一种用于电(光)信号转发的网络设备。它可以为接入交换机的任意两个网络节点提供独享的电信号通路。最常见的交换机是以太网交换机。其他常见的还有电话语音交换机、光纤交换机等
水晶头		水晶头(registered jack,RJ),是一种标准化的电信网络接口,提供声音和数据传输的接口
网络配线架		配线架是管理子系统中最重要的组件,是实现垂直干线和水平布线两个子系统交叉连接的枢纽。配线架通常安装在机柜或墙上
路由器		路由器(router)是连接两个或多个网络的硬件设备,在网络间起网关的作用,是读取每一个数据包中的地址然后决定如何传送的专用智能性的网络设备

三、学习任务小结

通过本次任务的学习,同学们已经初步了解了强弱电在电路安装和施工中需要使用的施工材料和选购方法,对室内电路施工有了基本的认识。在室内装饰工程中,强弱电施工材料的选择是必不可少的重要环节。同学们课后还要进行实地考察,进一步熟悉强弱电施工材料的使用方法。

四、课后作业

(1)每位同学回顾和总结强弱电的基本原理。

(2)每位同学收集有关室内装饰中常用的电路施工工具和材料的资料,用 Word 文档进行整理与汇总。

学习任务三　室内强弱电安装施工工艺与构造

教学目标

（1）专业能力：了解室内强弱电安装的施工流程与工艺做法，掌握电路改造的基本方法。

（2）社会能力：通过教师讲授、课堂师生问答、小组讨论，拓展学生视野，激发学生兴趣和求知欲。

（3）方法能力：实践操作能力、归纳总结能力。

学习目标

（1）知识目标：掌握室内强弱电安装施工工艺与构造。

（2）技能目标：能按照室内强弱电安装施工工艺和流程进行室内强弱电施工。

（3）素质目标：自主学习、细致观察、举一反三，理论与实操相结合。扩大认知领域，提升专业兴趣，增加室内强弱电施工的实操能力。

教学建议

1. 教师活动

（1）教师前期收集各种室内强弱电施工过程的视频等资料，并运用多媒体课件、教学视频等多种教学手段，提高学生对室内强弱电安装施工工艺与流程的直观认识。

（2）深入浅出地进行室内强弱电安装施工工艺知识点讲授和应用案例分析。

2. 学生活动

（1）认真听课、看课件、看视频，了解室内强弱电安装施工工艺和流程；记录问题，积极思考问题，与教师良性互动，解决问题；总结，做笔记、写步骤、举一反三。

（2）细致观察、学以致用，积极进行室内强弱电安装施工工艺的交流和讨论。

一、学习问题导入

各位同学，大家好，本次课我们学习室内强弱电安装施工工艺与流程。强电是一种动力电，用于电器设备的运行、启动，家用照明灯具、电热水器、取暖器、冰箱、电视机、空调、音响设备等用电器都属于强电电气设备。强电在室内装饰电气设备中处于非常重要的地位。

二、学习任务讲解

电路改造施工分为以下几个程序：

依据设计图纸确定定位点→施工现场成品保护→根据线路走向弹线→根据弹线走向开槽→开线盒→清理渣土→电管、线盒固定→穿钢丝拉线→连接各种强弱电线线头，不可裸露在外→对强弱电进行验收测试→封闭电槽。

（一）识图测量划线

1. 工具、材料准备

在敷设电路之前，需要根据电路布置图进行现场划线定位。常用的工具有钢卷尺、激光水平仪、墨斗划线器、水平尺等。

2. 技术交底

在进行电路管线开槽施工前，设计师需要把绘制好的电路布局线图纸带到施工现场，与业主、项目经理、监理三方和电路施工员进行技术交底。

（1）介绍工程项目施工方案，侧重于质量、进度、安全、工期等方面内容。

（2）根据图纸讲解重点工序施工要点、难点，具体工艺流程，工程涉及的材料使用、设备安装、机具使用相关介绍，并根据强弱电电路图归纳出电气功能的分组分类。

（3）安全施工有关常识，防护装置的使用与配备等。

（4）填写技术交底文件并签名确认。

3. 测量定位

施工员根据电路布线图纸和技术交底文件要求，利用钢卷尺进行精细测量，用木工铅笔或有色粉笔在墙面上确定管线的走向、标高、开关、插座、灯具、空调等的位置，并做好标示，如图 3-29 所示。

图 3-29　现场定位标示

（1）明确用电设备与开关、插座的数量、尺寸及安装位置，避免影响施工进度，以免出现电器使用问题。

（2）配合适当的文字标注，注意避开电路开槽位置。

（3）明确开关、插座类型，是单双控，还是多控；插座是单相还是三相。

（4）明确电路布管引线的走向与分布。

4. 划线

施工员根据图纸设计要求,利用钢卷尺先确定标高,就是 0 点坐标,再用激光水平仪沿同一高度的位置投射光影定位,如图 3-30 所示。再用墨斗划线器弹线绘制出开槽线,开槽线必须遵循"横平竖直"的原则,如图 3-31 所示。另外,还要确保地基与墙基开槽位置贯通。在绘制地面基层开槽线时不能用木工铅笔或彩色粉笔代替,因为地面人员走动频繁,灰尘较多,开槽线容易被摩擦掉,影响施工效果。

弹线的目的是确定电路的走向和终端插座、开关面板的位置,需要在地面和墙面标示出明确的尺寸和位置。

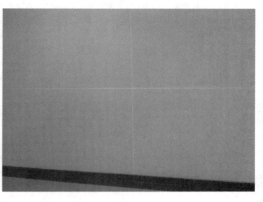

图 3-30　测量定位(见附图)

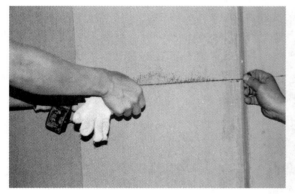

根据定位
用墨线连接
并丈量
做出标准预算
经监理审核后
方能给业主确认后施工

图 3-31　墨斗弹线

(二)管线开槽

1. 工具、材料准备

在室内装饰中的电管线布设施工常用的工具有开槽机、云石切割机、电锤、冲击电钻等。

2. 开槽施工

若有设计中央空调,可由专业公司先安装中央空调,预留出足够长的电线,安装后做好防尘保护措施。线路开槽时遵循的原则是先墙面开槽,再地面开槽。

(1)施工员开槽前,需戴好防尘面罩。

(2)核对图纸与现场标记一致后,施工员按规范要求进行电线开槽施工。

(3)根据现场划线的走向和位置,使用电动切割机沿墙面基层标记处进行切割,如图 3-32 所示。

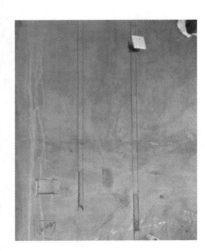

图 3-32　线槽切割

(4)用电锤剔槽凿出管槽和底盒的位置,把开好的线槽两边打毛,便于封槽咬合,如图 3-33 和图 3-34 所示。

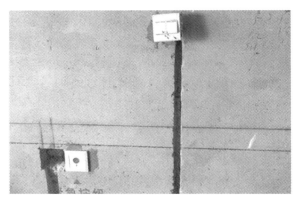

图 3-33　电锤开槽

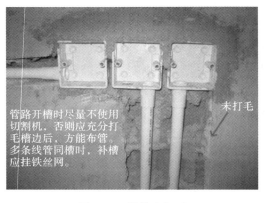

管路开槽时尽量不使用切割机,否则应充分打毛槽边后,方能布管。多条线管同槽时,补槽应挂铁丝网。

未打毛

图 3-34　线槽未打毛

在开槽时应注意以下几个施工要点:

①使用云石切割机或开槽机切割时,必须横平竖直,应从上到下、从左到右切割。

②由于切割时灰尘过大,在切割的同时可在切割位置加入少量水,但要控制好水量,边浇水边开槽,可以有效降噪、除尘和防止墙面破裂。

③开槽深度一般为 PVC 管线或者镀锌钢管直径加 10 mm,底盒深度在 10 mm 以上。

④地面开槽,如图 3-35 所示,主要是针对有垫层的房子,没有垫层的楼板,不适合进行开槽。

⑤横向开槽不超过 50 cm,如图 3-36 所示,否则开槽的隔断主筋会破坏楼梯结构,严重影响结构安全,降低楼梯抗震等级。

地面开槽

图 3-35　地面开槽

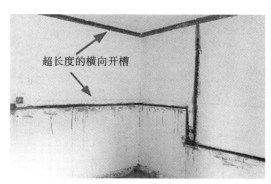

超长度的横向开槽

图 3-36　超长横向开槽

（三）布设管线

1. 工具、材料准备

（1）常用工具。

室内装饰中的电管线布设施工常用的工具有螺丝刀、电工钳、电锤、管钳、玻璃胶、冲击电钻、云石切割机、电笔、PPR 热熔焊机等。

（2）常用材料。

在室内装饰中的电管线布设施工常用的材料有 PVC 管、镀锌穿线管、电线、连接配件、绝缘胶布、PVC 胶黏剂等。

2．固定插座底盒

（1）如果有原有底盒的，应该挖掉后才能批补，防止墙体周边开裂，如图 3-37 所示。

（2）在布设管线前，预埋底盒时需要进行洒水处理，如图 3-38 所示。目的是清理掉杂物，同时增加水泥砂浆与墙体的黏结力，固定底盒的同时防止以后槽内水泥砂浆脱落和开裂。

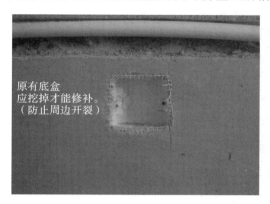

图 3-37　原有底盒挖掉

图 3-38　洒水处理

（3）固定底盒时，使用水平尺校正，确保底盒水平端正。要求多个底盒之间水平安装，高低一致，间隙在 0.8～1 cm 之间。另外安装时注意两个螺丝孔一定要在左右两侧，否则无法安装开关或查询线路，如图 3-39 所示。

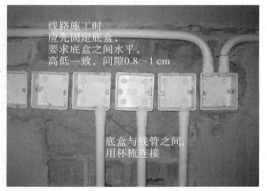

图 3-39　固定底盒

（4）开关、插座的安装位置如图 3-40 所示。其中，空调、冰箱、热水器应设置专线插座，不宜与其他电器混用，因为过流相对较大。

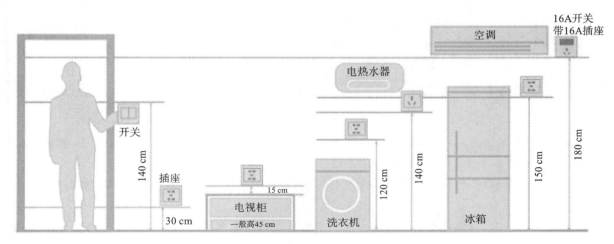

图 3-40　开关、插座安装位置

①一般住宅开关应距离地面 1.2～1.4 m。

②暗装插座距离地面 0.2～0.3 m。

③室内吊灯灯具开关安装高度一般应大于 2.5 m，受条件限制可减至 2.2 m。

④户外照明灯具开关安装高度一般不低于 3 m，户外墙上灯具开关安装高度应不低于 2.5 m。

⑤挂机空调插座安装高度为 1.8～2.0 m。

⑥厨房插座安装高度不低于 1.5 m，卫生间插座安装高度不低于 1.8 m。

⑦其他开关安装高度，根据具体身高和使用舒适度来调整。

3. 配管布线

（1）布管。

地面铺设线管，需要测量好线管的长度与位置，暗盒和线槽应独立计算，所有线槽按开槽起点到线槽终点测量，如果放两根以上线管的线槽宽度，应按两倍以上来计算长度。此外还需要对管材进行相应的处理，做好布管前的准备。

在布管线过程中需要注意以下几点。

①底盒与线管需要使用锁紧螺母和护口连接固定，如图 3-41 所示。

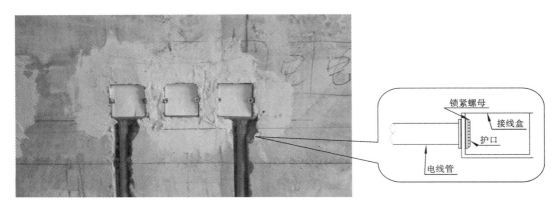

图 3-41　使用锁紧螺母和护口连接固定

②布管线路要遵循"横平竖直"的原则，减少材料的损耗，同时使用彩色线管进行区分，更加清晰明了、美观、实用，如图 3-42 所示。

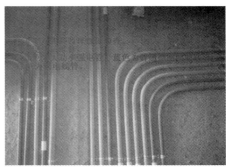

图 3-42　"横平竖直"布线（见附图）

③布管要直，管与管之间预留 2 cm 的间隙，防止贴砖空鼓。直管每隔 70～80 cm 用管卡（管码）固定，并列排整齐，如图 3-43 所示。

④当线管长度不够时，管与管之间应采用套管连接，并在两根管的端头涂上专业 PVC 胶，保证管路连接的牢固性。

⑤线管在拐弯处时，可以使用手动弯管或使用弯管器煨弯。弯曲半径不小于管外径的 6 倍。当两个接线盒只有一个弯曲时，弯曲半径不小于管外径的 4 倍，如图 3-44 所示。

图 3-43 管线敷设 (见附图)

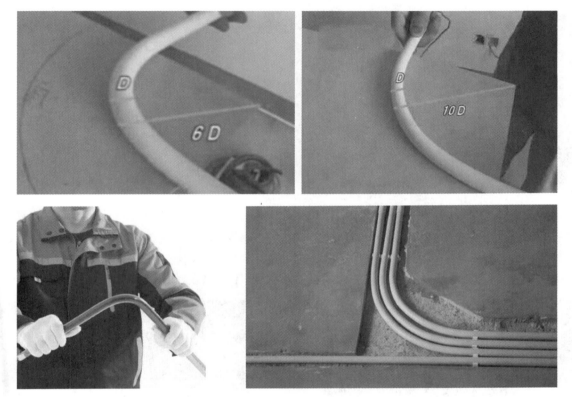

图 3-44 弯管半径

⑥阳台、卫生间等比较潮湿的地面禁止敷设强电管。

⑦天花线路转角出处,不使用三通转角,应把管弯曲且管码固定间距不超过 80 cm,如图 3-45 所示。

⑧天花布线先套黄腊管并用胶布缠紧,每间隔 15 cm 用铜丝固定,确保管不外露。严禁使用铁钉或螺纹钉直接固定管线,防止断路,如图 3-46 所示。

⑨若出现强电与弱电交叉,强电需要在上面,弱电置于下面,为避免强电对弱电信号造成干扰,交叉部分需要用铝锡纸包裹处理,如图 3-47 所示。

(2)穿线。

在室内装饰电路施工中,应该先布管后穿线。

①所有电路线都要穿在 PVC 管或钢管内,否则,长期使用后线路老化很可能产生漏电,同时也可以保护线槽不被破坏。

②根据国家规范要求,管内电线的总截面面积要小于管道截面面积的 40%,避免线路打结,避免影响散热,如图 3-48 所示。

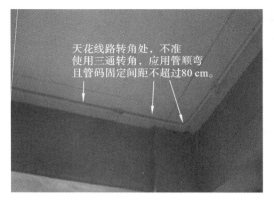

图 3-45　天花线管

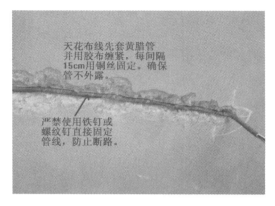

图 3-46　天花布线

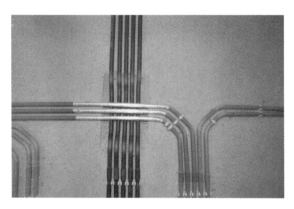

图 3-47　强弱电交叉处理（见附图）

图 3-48　穿线（见附图）

③根据规范使用对应颜色的电线。相线使用红色,控制线使用黄色、绿色,零线使用黑色、蓝色,地线使用黄绿双色,如图 3-49 所示。在整个户型中,尽量使用同一种颜色的电线。

④底盒之间,需互通线路时必须套管。强弱电路不共管,不共底盒,如图 3-50 所示。

图 3-49　电线颜色区分（见附图）

图 3-50　不共底盒（见附图）

⑤天花穿线。天花灯位出线口,应用管顺弯,并套波纹管,接口用绝缘胶布缠实,所有灯位必须加地线,如图 3-51 所示。厨房、卫生间的天花原底盒要分线时,应加套一个去掉底板的底盒,再进行分线,如图 3-52 所示。

⑥外露的电线头需要包裹绝缘胶布进行绝缘处理。需要与原线路接头时,先满上锡焊,再用胶带缠绕,后套黄腊管,弯折。最后用绝缘电胶布缠绕紧密,如图 3-53 所示。

⑦在所有电线穿管后,室内电线都将连接到强电箱处,根据不同的需求,分别接通至强电箱中的开关线路、照明线路、插座线路等。电箱内的线头应缠绕整齐,并用三厘夹板做好保护,如图 3-54 所示。

图 3-51　天花灯位出线口（见附图）

图 3-52　天花底盒分线（见附图）

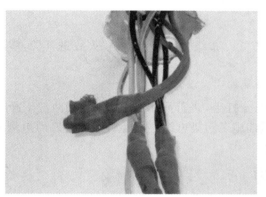

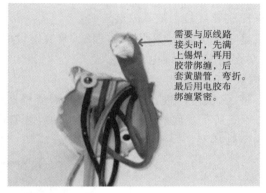

图 3-53　缠绕绝缘胶布（见附图）

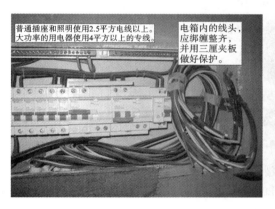

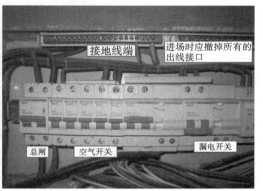

图 3-54　强电箱与电线接通（见附图）

（四）验收与封槽

1. 工具、材料准备

在室内装饰中的电管线布设施工常用的工具有螺丝刀、电工钳、电锤、管钳、玻璃胶、冲击电钻、云石切割机、电笔、PPR 热熔焊机等。

2. 检查验收

在完成电路布线后，需进行全面的检测，确保线路都正常后才能进行封槽。

在验收过程中，需根据国家规定的验收标准《住宅装饰装修工程施工规范》（GB 50327—2001）。

（1）验收电路材料。

检查原定的线材、管道等材料的规格是否一致，所有电线、电话线、电视线、网络线必须达到国家检测标准，杜绝产品不合格现象。

（2）验收电路外观。

检查安装位置、走向路由、开关、暗盒等定位等是否符合设计要求，要确保所有插座位置正确。

（3）验收电路施工。

①检查强弱电是否分开。

家庭常用的是交流电，一些施工队为了施工方便，直接将所有的电线收纳在一起，电源线、网线、电话线等都放在同一个底盒中，这样线路之间会受到干扰，导致信号不稳定，还埋下火灾隐患。强弱电应该分开走线，严禁强弱电共用一管和一个底盒，强电线路平行间距不能低于 3 cm，最好是 50 cm，交叉必须成直角。

②检查电线是否加套管。

有些不负责任的施工方在施工时将电线直接埋到墙内，电线没有用绝缘管套好，电线接头直接裸露在外，这样存在安全隐患，是典型的偷工减料现象。电线的铺设规范明确，电线外必须有绝缘套管保护，接头不能裸露在外。

③检查插座导线是否随意安装。

很多家庭为了美观，会采用开槽埋线、暗管铺设的方式。布线时一定要遵循"火线进开关，零线进灯头"的原则，还要在插座上设漏电保护装置。

3. 封槽

检测合格后，就可以进行封槽。封槽前需要槽边充分打毛，进行洒水处理，将浮灰冲洗干净，充分润湿线槽，如图 3-55 所示。底盒用专用保护盖保护，避免后期施工污染电线。封补时保证盒底周边清洁干净，并将盒底之间空隙填实。

图 3-55　线槽洒水（见附图）

按原有比例对水泥砂浆进行调配，填补要注意光滑、平整，不能有空鼓开裂，不能高出原墙面，要略低于原墙面。管面砂浆层厚度要求在 1 cm 以上，管不许外露。封槽如图 3-56 所示。

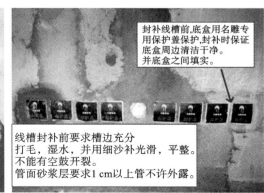

封补线槽前底盒用名雕专用保护盖保护，封补时保证底盒周边清洁干净。并底盒之间填实。

线槽封补前要求槽边充分打毛，湿水，并用细沙补光滑，平整。不能有空鼓开裂。管面砂浆层要求1 cm以上管不许外露。

图 3-56　封槽

三、学习任务小结

通过本次任务的学习,同学们已经初步了解室内强电电路安装的基本流程和施工工艺的知识,对室内强弱电施工有了全面的认识。在室内装饰工程中,强弱电施工是必不可少的重要环节,强弱电电路的布管流程基本相同。同学们课后还要通过学习和社会实践,进一步熟悉室内强弱电的施工流程和工艺。

四、课后作业

结合电路施工工艺的内容,小组讨论、思考并回答以下问题。

(1)为什么不建议使用切割机开槽?

(2)电路施工的流程是什么?

(3)阳台卫生间地面,为什么不能布线? 如遇特殊情况,如何处理?

(4)在规范施工的前提下,如何节省开支?

(5)强弱电为什么不能共用底盒?

项目四　泥水工程装饰材料与施工工艺

学习任务一　室内泥水工程基本知识

教学目标

（1）专业能力：了解泥水工程的种类和施工工艺。

（2）社会能力：了解室内泥水工程在装修施工中的地位和价值。

（3）方法能力：施工工艺理解能力、实践操作能力。

学习目标

（1）知识目标：掌握室内泥水工程的种类和施工要点。

（2）技能目标：能进行泥水工程的施工。

（3）素质目标：通过实践掌握泥水工程的专业知识和专业技能。

教学建议

1. 教师活动

（1）教师通过现场施工图片讲解泥水工程的种类，通过视频教学讲解泥水项目的施工工艺。

（2）教师在实训室示范泥水工程的施工工艺，指导学生进行实训。

2. 学生活动

认真聆听教师讲解，在教师的指导下进行泥水工程实训。

一、学习任务导入

各位同学，大家好，如图 4-1 和图 4-2 所示，分别是泥水工程中的地砖铺贴和墙面批荡。那么什么是室内泥水工程呢？室内泥水工程又有哪些不同的分类？让我们一起来学习吧！

图 4-1　地砖铺贴

图 4-2　墙面批荡

二、学习任务讲解

1. 室内泥水工程的概念

泥水工程是指室内装修时砌砖、抹灰、贴瓷片、浇混凝土等需要混合水泥的工程。泥水工程是与水泥相关的工程种类，也是对砌墙、抹灰、贴砖等的总称。

2. 常见的泥水工程

（1）砌墙。

砌墙是指用砖和砂浆通过一定的砌筑方法砌筑成墙体的施工工艺，如图 4-3 所示。

（2）抹灰。

图 4-3　砌墙

抹灰是指用灰浆涂抹在房屋建筑的墙、顶棚表面上的一种施工工艺，如墙立面、顶棚、墙裙、内楼梯等，如图 4-4 所示。

（3）贴墙面砖。

墙面贴砖是指用胶黏剂把瓷砖贴在墙面上的施工工艺，如图 4-5 所示。

图 4-4　墙面抹灰

图 4-5　墙面铺贴瓷砖

（4）干挂石材。

干挂石材指用金属挂件将石材挂在墙体上，石材与墙体之间留有一定间隙的施工工艺，如图 4-6 所示。

（5）贴地面砖。

贴地面砖就是在原楼地面上铺贴瓷砖的施工工艺，如图4-7所示。

图4-6　大理石干挂上墙

图4-7　地面铺瓷砖

（6）现浇楼板。

现浇楼板是指在现场打好模板，在模板上安装好钢筋，再在模板上浇筑混凝土，然后拆除模板的施工工艺，如图4-8所示。

（7）地面找平。

地面找平是指将建筑物的原始地面，通过一定的方法找平，使地面平整度达到一定的标准，符合国家关于地面找平的规定施工工艺。地面找平的方法主要有两种，一种是原始的水泥砂浆地面找平；另一种是自流平水泥找平，如图4-9所示。

图4-8　现浇楼板

图4-9　地面找平

图4-10　包下水管

（8）包水管。

包水管也叫封水管，是指把下水管道用隔音棉包裹住，再在外面用砖或板材进行砌筑的施工工艺。封管时要注意预留出检修口的位置，方便后期维修，如图4-10所示。

3. 泥水工程施工注意事项

泥水工程的特点是湿、脏，施工时一定要保持现场的整洁，要防止下水道口被水泥砂浆堵塞。泥水工程完成后要做好地面保护，泥水工程的水泥砂浆要选购品牌产品，泥砂最好使用河砂。

三、学习任务小结

通过本次课的学习,同学们对室内泥水工程的种类有了一个初步的认识,同时,也掌握了不同的泥水施工项目的基本方法。课后,同学们要结合泥水工程的施工内容及特点进行实际施工练习。

四、课后作业

老师指定一套施工图纸,请同学们把图纸中的关于泥水工程的内容标记出来。

学习任务二　室内砌墙施工工艺与构造

教学目标

（1）专业能力：掌握室内砌墙的施工工艺，以及砌墙工具和材料的选择与使用。

（2）社会能力：了解砌墙材料的性能和价格。

（3）方法能力：施工工艺理解和创新能力、实践动手能力。

学习目标

（1）知识目标：掌握室内装修施工中砌墙的施工步骤及施工要求。

（2）技能目标：通过对室内砌墙项目的实训掌握砌墙的施工工艺。

（3）素质目标：认真、仔细地学习砌墙施工教学视频，通过实训掌握砌墙的施工工艺。

教学建议

1. 教师活动

（1）教师课前搜集关于砌墙的视频资料及砌墙工具的图片资料，让学生对砌墙有一定的了解，通过图片分析砌墙所需要的材料及施工步骤。

（2）教师示范砌墙施工工艺，指导学生进行砌墙实训。

2. 学生活动

（1）仔细观看视频文件，掌握施工工具及步骤，注意施工细节及材料的处理。

（2）在教师指导下进行砌墙施工实训。

一、学习任务导入

各位同学,大家好,今天我们学习的内容是室内砌墙工程。墙体在室内空间中起着承重和分隔空间的作用。但墙要怎样砌才牢固呢?砌墙之前需要做些什么准备?需要用到哪些工具和材料?砌墙的施工步骤又是怎样的呢?让我们带着这些问题来一起学习吧!

二、学习任务讲解

(一)砌墙的概述

砌墙指的是用砖和砂浆通过一定的砌筑方法砌筑成墙体的施工工艺。砌墙常用的砖有实心砖、空心砖、轻骨料混凝土砌块、混凝土空心砌块、毛料石、毛石等。砂浆有混合砂浆、水泥砂浆。

砌筑方法包括"三一"砌砖法、"二三八一"砌砖法、挤浆法、刮浆法和满口灰法。其中,"三一"砌砖法和挤浆法最为常用。"三一"砌砖法是一块砖、一铲灰、一揉压并随手将挤出的砂浆刮去的砌筑方法,如图4-11所示。这种砌筑法的优点是灰缝容易饱满,黏结性好,墙面砖整洁。故实心砖砌体宜采用"三一"砌砖法。砖墙根据其厚度不同,可采用全顺、两平一侧、全丁、一顺一丁、梅花丁或三顺一丁的砌筑形式,如图4-12所示。

图4-11 "三一"砌砖法

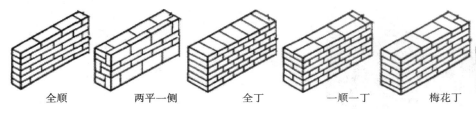

全顺　　两平一侧　　全丁　　一顺一丁　　梅花丁　　三顺一丁

图4-12 砌墙形式

(二)常用的砌墙工具

(1)瓦刀:重量较轻,使用方便,是用于砌筑和砍砖的主要工具,如图4-13所示。

(2)托线板与线锤:用于检查砌体垂直度和墙面平整度的工具,如图4-14所示。

图4-13 单面瓦刀

图4-14 铅线锤

(3)钢卷尺:用于检查砌体中线、标高及半成品安装的工具,如图4-15所示。

(4)砌墙线:采用麻线或棉线,也有用尼龙线。砌墙时用于控制水平灰缝合墙面平整度的工具。

(5)批灰刀是一种小型建筑施工过程中常见的工具,主体部分为三角形金属薄板,薄板一端为木质手柄。长20 cm左右,薄板最前端长约10 cm。批灰刀又名油灰刀,是油漆工经常使用的工具,使用简单方便,可以刮、铲、涂、填,如图4-16所示。

图4-15　钢卷尺

图4-16　批灰刀

（三）砌墙的材料

1. 砖

砌墙砖以黏土或工业废料为主要原料,经过高温烧制而成,在建筑中用于砌承重墙或非承重墙。砌墙砖的尺寸通常有12墙、18墙和24墙,具体按照砖块的尺寸来定,常见的有红砖和轻质砖,如图4-17和图4-18所示。

图4-17　红砖

图4-18　轻质砖

2. 砂

砂是砌墙时不可或缺的一种材料,同水泥按比例调和使用。砂按规格来分可分为粗砂、中砂、细砂和特细砂,一般室内装修中使用的是中砂;按性质来源可分为海砂、河砂、山砂,家装中最适合用河砂,河砂表面粗糙度适中,含杂质较少。买回来的砂都要过筛后方可使用,如图4-19所示。

3. 水泥

水泥需要按照一定比例配着砂子使用,目前我国生产的水泥主要有225♯、325♯、425♯、525♯等几种不同的标号。生产不同标号的水泥,是为了适应制作不同标号的混凝土的需要。用于室内装修的水泥,一般都选用325♯,因为装修的水泥不需要承受太大的力,不要求高标号的水泥。往墙上钉钉子,325♯水泥相对高标号的水泥软,更容易钉进去,如图4-20所示。

图4-19　砂

图4-20　水泥

4. 钢丝网

墙面挂钢丝网是墙面做抹灰前,用在框架结构砖砌体与框架柱、墙接触竖缝和顶面水平缝上,骑缝布置的一种材料。主要目的是防止砌体墙与框架柱、墙接触处开裂。新建墙体用钢丝网如图 4-21 所示。

如图 4-21 新建墙体用钢丝网

(四)砌墙前的施工步骤

(1)与业主对图纸进行核实,确定墙体新建位置。

(2)检查水泥、砂子、砖的质量,砖的外形、规格、品种、质量是否符合要求。凡是在外观上有碎裂、掉角的,原则上不使用。

(3)砖浇水:红砖必须在砌筑前一天浇水湿润,一般以水浸入砖四边 1.5 cm 为宜,含水率为 10%~15%。

(五)砌墙工艺流程

砌墙工艺流程如下:基层处理→找平、放线→搅拌水泥砂浆→放置钢筋→砌墙→挂钢丝网→批荡→检查验收。

(1)基层处理:将黏在基层上的浮浆、杂物等清理干净。

(2)找平、放线:为了保证建筑物平面尺寸各层标高的正确,砌筑前应认真做找平、放线工作,准确定出各层楼面的标高和墙柱的轴线位置,以作为砌筑的控制依据,如图 4-22 所示。

(3)搅拌水泥砂浆:把水、水泥、砂浆按比例搅拌均匀,搅拌完成的水泥砂浆必须在六个小时内使用完毕,如图 4-23 所示。

图 4-22 放线　　　　　　　　　　　　　　图 4-23 搅拌水泥砂浆

(4)放置钢筋:钢筋的放置起到连接旧墙与新墙的作用,可以使新墙的结构更加稳固,施工时要在旧墙上开洞,然后把钢筋插入,将洞内封上水泥砂浆,如图 4-24 所示。

(5)砌墙:砌砖必须跟线走,俗话说"上跟线、下跟楞,左右相跟要对平",如图 4-25 所示。

图 4-24 放置钢筋　　　　　　　　　　　　图 4-25 砌墙

（6）挂钢丝网：将钢丝网平整地挂在砌好的墙体上，注意平整度和紧凑感，如图 4-26 所示。

（7）批荡：用水泥砂浆对砌好的墙体进行涂抹、批荡。批荡时厚度要均匀，表面要工整、平滑，如图 4-27 所示。

图 4-26 墙体挂钢丝网

图 4-27 墙面批荡

（8）检查验收。

（六）砌墙的注意事项

（1）新做门洞上方应加预制过梁，如图 4-28 所示。安装门窗口有两种方法：一种是预先把门窗口立好，然后砌墙，这种叫压口；另一种是在砌墙时预留出洞口，待墙砌筑后塞入门窗口，这种方法叫后塞口。后塞口时要使洞口每边比门窗口放宽 1 cm，即洞口总宽度较门窗口大 2 cm。

（2）砌墙时，新旧墙之间应在每 50 cm 的高度加一条长度为 100 cm 且直径为 6 cm 的钢筋，叫做拉墙筋，如图 4-29 所示。

（3）墙面批荡时，在新旧墙交接处要使用铁丝网，以防止开裂。把原来旧墙的粉刷层打成马牙槎的形状，宽度不小于 10 cm，这样便于钉铁丝网。用水把墙面浇湿后再用水泥砂浆粉刷，这样新旧墙交接处不容易开裂，如图 4-30 所示。

图 4-28 门洞预制梁

图 4-29 拉墙筋

图 4-30 挂网

三、学习任务小结

通过本次任务学习，同学们对砌墙的工具、材料和施工工艺有了一定的了解，同时对砌墙进行了实训，提高了动手能力。课后，同学们要巩固学习，完成砌墙步骤图的绘制，并对每一步进行分析和实训。

四、课后作业

完成墙体施工步骤示意图的制作。

学习任务三　室内铺贴瓷砖施工工艺与构造

教学目标

（1）专业能力：了解室内铺贴瓷砖的材料和施工工艺。

（2）社会能力：了解瓷砖材料的性能、价格和铺贴工艺。

（3）方法能力：信息和资料收集能力，瓷砖铺贴案例分析、提炼及应用能力。

学习目标

（1）知识目标：掌握瓷砖的铺贴材料、铺贴步骤和铺贴施工工艺。

（2）技能目标：能够按照施工步骤快速、平整地铺贴瓷砖。

（3）素质目标：能够大胆、清晰地表述对瓷砖铺贴工艺的理解，具备一定的动手能力。

教学建议

1. 教师活动

教师讲解和示范瓷砖铺贴的材料、步骤和施工工艺，指导学生进行瓷砖铺贴实训。

2. 学生活动

在教师的指导下进行瓷砖铺贴实训。

一、学习问题导入

各位同学,大家好! 今天我们学习室内瓷砖铺贴。瓷砖作为室内装修的主要材料,使用范围非常广泛,可以用在地面、墙面、柜子台面等不同的位置。瓷砖可以让室内空间变得干净、整洁、光亮,利于室内的清洁。室内瓷砖铺贴效果如图 4-31 所示,地砖对缝拼贴如图 4-32 所示。

图 4-31 室内瓷砖铺贴效果(谢志贤 作)(见附图)

图 4-32 地砖对缝拼贴(见附图)

二、学习任务讲解

(一)地面铺瓷砖的样式

1. 横铺和竖铺

横铺和竖铺是瓷砖常见的铺贴方法和样式,铺贴时要根据墙边平行的方式进行铺贴,瓷砖与瓷砖之间的缝隙要对齐,缝隙要均匀,如图 4-33 所示。

2. 工字形铺贴

工字形铺贴是仿照木地板的铺设方法,一般选用木纹砖进行铺贴,此铺贴方法有一种视觉错落感,可以让空间变得更加活泼、跳跃,如图 4-34 所示。

3. 人字形铺贴

人字形铺贴即相邻的两块长方形瓷砖按照 45°角倾斜的方式进行铺贴,铺贴样式如同汉字的"人"字形状。人字形铺贴线条感较强,个性化更加突出,如图 4-35 所示。

图 4-33 地砖横铺（见附图）

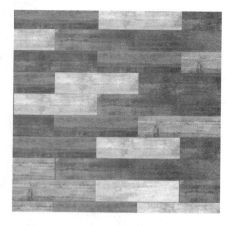

图 4-34 工字形地砖铺贴（见附图）

4. 菱形铺贴

菱形铺贴常用于仿古砖铺贴，瓷砖呈 45°角斜铺，如图 4-36 所示。菱形铺贴适用于欧式风格的地面，铺贴时最好留 3～8 mm 缝隙。

图 4-35 人字形地砖铺贴（见附图）

图 4-36 菱形地砖铺贴（见附图）

（二）常用的瓷砖铺砖工具

（1）铁锹：用来调和配比水泥、砂子的混合搅拌，如图 4-37 所示。

（2）灰桶：用来盛放调和的水泥砂浆，如图 4-38 所示。

图 4-37 铁锹

图 4-38 灰桶

（3）水桶：盛水配置水泥砂浆或湿润基层处理，浸泡地砖，如图 4-39 所示。

（4）橡皮锤：用来锤压干灰层及锤压铺贴的地砖，使其密实平整，如图 4-40 所示。

图 4-39　水桶

图 4-40　橡皮锤

（5）水平仪、靠尺：用来确定地砖铺贴的平整度，如图 4-41 和图 4-42 所示。

图 4-41　水平仪

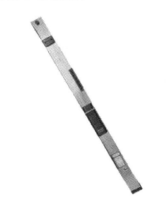

图 4-42　靠尺

（6）云石机：用来切割地砖，如图 4-43 所示。

（7）抹灰刀：用于铺贴瓷砖时将水泥砂浆均匀地涂抹到瓷砖背面，如图 4-44 所示。

图 4-43　云石机

图 4-44　抹灰刀

（8）尼龙线：用于铺贴前的拉线处理，使地砖保持顺直。

（9）白布：包裹橡皮锤，防止橡皮锤的黑色印记污染砖面。

（10）卷尺、铅笔：测量尺寸、标注记号等。

（三）铺砖前的准备工作

1. 检查

检查铺贴瓷砖的质量，要求瓷砖平整、无划痕、无色差、无裂纹、无缺棱掉角。

2. 排砖

依照图纸标准，事先把瓷砖进行编排，有纹理和图形的瓷砖还要注意纹理的顺畅。

3. 瓷砖浸水

将瓷砖浸入水中，这样可以避免后期出现开裂，同时可以减少操作时的灰尘，如图4-45所示。

图4-45　瓷砖浸水

（四）铺贴地砖施工工艺

铺贴地砖施工工艺：基层处理→刷素水泥浆→地面找平→铺贴瓷砖→瓷砖勾缝→清理表面→固定。

1. 基层处理

地面基层处理是指对原建筑楼板的清理、修补、找平等。

2. 地面找平

地面找平是指铺贴地面时，对地面进行平整处理，如图4-46所示。

3. 铺贴瓷砖

用水泥砂浆均匀涂抹于瓷砖背面，并将其铺贴在找平层上，如图4-47所示。

图4-46　地面找平

图4-47　铺贴瓷砖

4．瓷砖勾缝

瓷砖铺贴时，砖与砖之间的缝隙一般为 5～15 mm，等到瓷砖与地面黏结牢固后需要进行勾缝处理。勾缝材料有水泥、白水泥、勾缝剂等，勾缝时把材料加水拌成干湿适中的涂料，把拌好的材料嵌入地砖缝内并压实填满，然后用圆形的棒或管的外圆表面去刮压缝，棒或管的直径是缝的宽度 1.2 倍至 2 倍，把缝内嵌填材料的表面刮压成凹圆形，并压密实，最后把瓷砖表面清理干净，如图 4-48 所示。

图 4-48　瓷砖勾缝

5．清理表面

将瓷砖表面多余的勾缝剂用抹布擦拭干净。

6．固定

将铺贴好的瓷砖压实固定。

（五）铺贴瓷砖注意事项

（1）瓷砖铺贴前要拆封检查，如有质量问题，可以退货或换货。

（2）卫生间、阳台瓷砖铺贴时要注意往地漏处做坡度，以便于排水。

三、学习任务小结

通过本次课的学习，同学们初步了解了瓷砖铺贴的材料、工具和施工工艺。大家要对这些工艺进行反复的实操练习，熟练掌握其方法和技巧。

四、课后作业

在实训场进行瓷砖铺贴实操。

学习任务四　室内大理石干挂施工工艺与构造

教学目标

（1）专业能力：了解室内大理石干挂的工艺流程、施工工具、施工步骤。

（2）社会能力：了解大理石的特点，掌握大理石干挂的施工工艺。

（3）方法能力：信息和资料收集能力，大理石干挂案例分析、提炼及应用能力。

学习目标

（1）知识目标：掌握大理石干挂的施工流程和施工工艺要求。

（2）技能目标：能够按照施工流程规范地完成大理石干挂施工。

（3）素质目标：具备一定的实践动手能力。

教学建议

1. 教师活动

教师讲解和示范大理石干挂的施工流程和施工工艺，指导学生进行大理石干挂实训。

2. 学生活动

在教师的指导下进行大理石干挂实训。

一、学习问题导入

各位同学，大家好，今天我们学习室内大理石干挂施工工艺。大理石是地壳中原有的岩石经过地壳内高温高压作用形成的变质岩，地壳的内力作用促使原来的各类岩石发生质的变化，从而形成大理石。作为一种天然石材，大理石常用于室内墙面、地面、台面的装饰装修，如图 4-49 和图 4-50 所示。

图 4-49　室内大理石墙面装饰效果

图 4-50　室内大理石墙面、地面装饰效果

二、学习任务讲解

（一）大理石干挂的概述

大理石干挂法是以金属挂件将饰面大理石直接吊挂于墙面或空挂于钢架之上的施工方法。这种方法不需要进行灌浆粘贴，其原理是在主体结构上设置主要受力点，通过金属挂件将大理石固定在墙体，形成大理石墙面。

（二）大理石干挂施工常用工具

1. 台钻

台式钻床简称台钻，是一种体积小巧，操作简便，通常安装在专用工作台上使用的小型加工机床。台钻主要用于各种材料工件的钻孔、扩孔等作业，如图 4-51 所示。

2. 无齿切割锯

无齿切割锯为大理石加工中常用的电动工具，用于切割大理石以及各种管材、型材、钢材、铝型材等，如图 4-52 所示。

图 4-51　台钻

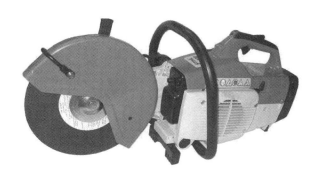

图 4-52　无齿切割锯

3. 冲击钻

冲击钻依靠旋转和冲击来工作,如图 4-53 所示。主要适用于对混凝土地板、墙壁、砖块、石材进行冲击打孔。另外,还可以在木材、金属、陶瓷和塑料上进行钻孔。

4. 龙骨架配件

龙骨架配件是用来支承造型、固定结构的一种建筑材料,用于装修结构的骨架和基材,如图 4-54 所示。

图 4-53　冲击钻

图 4-54　龙骨配件

（三）常见的大理石干挂法

大理石干挂的挂件有两种,一种是板式挂件,前端上下分叉,分别固定上下两块石材,如图 4-55 所示。另一种是背栓式挂件,如图 4-56 所示。板式挂件施工工艺简单,造价低;背栓式挂件工艺稍复杂,造价高,但安装牢固性好。

图 4-55　板式挂件

图 4-56　背栓式挂件

固定的主骨架都是钢结构,板式挂件一般固定在横向角钢上,角钢固定在钢结构上。背栓式挂件的主骨架也是钢结构,但横向是专用的铝型材。挂件与主骨架的连接关系如图 4-57 所示。

（四）大理石干挂施工前准备

（1）石材:根据设计要求,确定石材的品种、颜色、花纹和尺寸规格,并检查其抗折、抗拉和抗压强度,以及吸水率等性能。

（2）合成树脂胶黏剂:用于粘贴石材背面的柔性背衬材料,要求具有防水和耐老化性能。

（3）玻璃纤维网格布:石材的背衬材料。

（4）防水胶泥:用于密封连接件。

（5）防污胶条:用于石材边缘防止污染。

图 4-57　挂件与主骨架的连接关系

（6）嵌缝膏：用于嵌填石材接缝。

（7）罩面涂料：用于大理石表面防风化、防污染。

（8）膨胀螺栓、连接铁件、连接不锈钢针等配套的铁垫板、垫圈、螺帽及与骨架固定的各种设计和安装所需要的连接件的质量，必须符合要求。

（五）大理石干挂施工步骤

1. 放线定位

（1）定出石材干挂部位的标高线，作为钢龙骨及石材安装的竖向标高控制线。

（2）根据施工图及石材分格图，分别找出各柱的轴线，再根据轴线及标高线确定出门窗洞口、窗间墙的边缘线弹在墙上，作为安装钢龙骨及石材的横向距离控制线。

（3）根据石材分格图和放好的横向控制线，分别放出石材的分格线。

2. 定位、打孔

测量大理石需要铺贴的位置，并绘制辅助线，用电钻打孔固定膨胀螺丝。

（1）依照图纸标准，制作主龙骨、次龙骨。

（2）石材磨孔。

3. 安装龙骨架

钢龙骨的安装视墙体的结构而定，混凝土结构的梁、柱有预埋件的部位，可直接焊接连接角码。如位置不准确可采用镀锌螺栓将连接铁板固定在墙体上，再与连接角码焊接。砖砌墙体须设置穿墙螺栓固定连接铁板，如图 4-58 所示。

图 4-58　安装龙骨架

安装龙骨架要根据钢龙骨排布图，在墙体上弹出主钢龙骨的垂直控制线，对应主钢龙骨的垂直线标出每块连接铁板的相应位置，竖龙骨间距 2 m，横龙骨间距 1 m，横竖龙骨间距应通过结构受力计算确定。再根据连接铁板上的孔位在墙上钻孔，砌体部分用两个 M12×320 穿墙螺栓将 200 mm×100 mm×8 mm 的连接铁板逐块固定在墙体上，并按规定加设轮盘。混凝土部分用两个 M12×120 的镀锌螺栓固定。

4. 挂石材

将石材悬挂在龙骨架上，注意石材表面的平整度和黏结的牢固程度，如图 4-59 所示。

（六）大理石干挂注意事项

大理石干挂工艺是利用耐腐蚀的螺栓和柔性连接件，将大理石、花岗石等饰面石材干挂于室内墙体上，石材与结构之间留出 40～50 mm 的宽度。用此工艺做成的饰面，在风力和地震力的作用下允许产生适量的变位，以吸收部分风力和地震力，而不致出现裂纹和脱落。当风力和地震力消失后，石材也随结构而复位。该工艺与传统的湿作业工艺比较，免除了灌浆工序，可缩短施工周期，减轻建筑物自重，提高抗震性能。更重要的是有效地防止灌浆中的盐碱等色素对石材的渗透污染，提高其装饰质量和观感效果。这种工艺可有效地预防石材脱落伤人事故的发生，同时也可以与玻璃幕墙或大玻璃窗、金属饰面板安装工艺等配套应用。

图 4-59　挂石材

三、学习任务小结

通过本次课的学习,同学们了解了大理石干挂的施工材料和施工工艺。课后,大家要对大理石干挂法进行实操练习,熟练掌握其施工的方法和技巧。

四、课后作业

在实训场练习大理石干挂施工工艺。

项目五　木工工程装饰材料与施工工艺

学习任务一　室内石膏板隔墙施工工艺与材料

教学目标

（1）专业能力：了解室内石膏板隔墙施工工艺的施工准备工作、施工步骤和工艺要求，以及应该注意的施工质量问题和成品保护、质量验收标准等知识点。

（2）社会能力：材料整理和汇总能力，材料应用于实践的能力。

（3）方法能力：资料收集能力、实践操作能力。

学习目标

（1）知识目标：掌握室内石膏板隔墙施工工艺的基本知识。

（2）技能目标：能够厘清各种室内石膏板隔墙施工的施工准备工作、施工步骤和工艺要求。

（3）素质目标：理论与实操相结合，自主学习、细致观察，亲身体验。

教学建议

1. 教师活动

（1）教师前期收集各种室内石膏板隔墙施工工艺的图片、视频等，运用多媒体课件、教学视频等多种教学手段，启发和引导学生的学习和实训，培养学生的动手能力。

（2）教师组织指导学生进行室内石膏板隔墙施工工艺实训。

2. 学生活动

学生在课堂认真听课、看课件、看视频，在实训室分组进行施工工艺实训，并学会总结与归纳。

一、学习问题导入

各位同学,大家好,今天我们一起来学习室内石膏板隔墙施工工艺。石膏板隔墙施工是室内装修木工的主要工作之一。石膏板隔墙是采用轻钢龙骨加石膏板制作而成,其重量轻、占用空间小、易拆装。本次学习任务以木工中最为常见的石膏板隔墙为案例讲述其施工步骤、施工方法。

石膏板隔墙和传统砖墙比较,装饰效果好,造型多样,装饰方便。石膏板隔墙的面层可兼容多种面层装饰材料,满足绝大部分界面的装饰要求,可以用于住宅、办公室、酒店、商场等空间的装修。由于石膏制品的孔隙率大,因而导热系数小,吸声性强,吸湿性大,可调节室内的湿度和温度。石膏板隔墙如图5-1~图5-3所示。

图5-1 办公室空间石膏板隔墙　　　图5-2 休闲室石膏板隔墙　　　图5-3 酒店大堂石膏板隔墙

二、学习任务讲解

(一)室内石膏板隔墙施工前材料准备

(1)根据设计要求,选定好石膏板隔墙主件:沿顶龙骨、沿地龙骨、加强龙骨、竖向龙骨、横向龙骨。

(2)配件:支撑卡、卡托、角托、连接件、固定件、附墙龙骨、压条等。

(3)紧固材料:射钉、膨胀螺栓、镀锌自攻螺丝、木螺丝和黏结嵌缝料。

(4)罩面板材:纸面石膏板。

(5)主要施工工具:板锯、电动剪、电动自攻钻、电动无齿锯、手电钻、射钉枪、直流电焊机、刮刀、线坠、靠尺等。

(二)室内石膏板隔墙施工步骤(以纸面石膏板隔墙为例)

1. 施工操作步骤

弹线→安装顶龙骨和地龙骨→固定边框龙骨→安装竖龙骨→安装门、窗框→安装横向卡挡龙骨→安装附墙电气铺管设备→安装纸面石膏板→填充隔声、保温、防火等材料→安装另一侧纸面石膏板→接缝及护角处理→质量检验。

2. 操作工艺

(1)弹线:根据施工图,在已做好的地面上,利用红外线水平仪定位,使用墨斗弹出隔墙顶、地面定位线以及门窗洞口边框线,如图5-4~图5-6所示。

(2)安装顶龙骨和地龙骨:沿弹线位置固定沿顶、沿地龙骨,可用膨胀螺栓固定,固定点间距不大于600 mm,龙骨对接应保持平直,如图5-7和图5-8所示。

图 5-4　用红外线水平仪定位

图 5-5　使用墨斗弹出线

图 5-6　画出直线作为龙骨定位线

图 5-7　安装顶龙骨

图 5-8　安装地龙骨

（3）固定边框龙骨：沿弹线位置固定边框龙骨，龙骨的边线应与弹线重合。龙骨的端部应固定，固定间距应不大于 1 m，固定应牢固。边框龙骨与基体之间，应按设计要求安装密封条，如图 5-9 所示。

图 5-9　安装边龙骨

（4）安装竖龙骨：按设计要求安装竖龙骨，预留出门、窗框的位置。竖龙骨上下两端插入沿顶龙骨及沿地龙骨，调整垂直及定位准确后，用抽心铆钉固定；靠墙、柱边龙骨用射钉或木螺丝与墙、柱固定，钉距为

室内装饰材料与施工工艺

1000 mm,如图 5-10 和图 5-11 所示。

图 5-10　安装竖龙骨

图 5-11　预留出门洞

（5）安装门、窗框：根据隔墙放线门洞口位置，在安装顶龙骨和地龙骨后，按纸面石膏板的板宽（900 mm 或 1200 mm）分成规格尺寸为 450 mm，不足尺寸的应该避免开门洞框边位置，使破边石膏板不安放在洞框处，如图 5-12 和图 5-13 所示。

图 5-12　安装门框

图 5-13　安装窗框

（6）安装横向卡挡龙骨：按照要求低于 3 m 的隔断安装一道；3～5 m 隔断安装两道；5 m 以上安装三道，采向抽心铆钉或螺栓固定，如图 5-14 所示。

图 5-14　安装横向卡挡龙骨

（7）安装附墙电气铺管设备：按照设计要求安装墙体内电管、电盒和电箱设备，如图5-15所示。

（8）安装纸面石膏板：检查龙骨安装质量、门洞口框是否符合设计及构造要求，龙骨间距是否符合石膏板宽度。石膏板宜竖向铺设，长边（即包封边）接缝应落在竖龙骨上，石膏板应竖向铺设，石膏板不得固定在沿顶、沿地龙骨上。石膏板一般用自攻螺钉固定，板边钉距为200 mm，板中间距为300 mm，螺钉距石膏板边缘的距离不得小于10 mm，也不得大于16 mm，自攻螺钉固定时，纸面石膏板必须与龙骨紧靠，如图5-16所示。

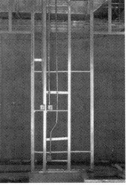

图 5-15 安装附墙电气铺管设备

图 5-16 安装纸面石膏板

（9）填充隔声、保温、防火等材料：需要隔声、保温、防火的隔墙，应根据设计要求，在龙骨一侧安装好罩面板后，进行隔声、保温、防火材料的填充，填充完成后再封闭另一侧石膏板，填充材料应铺满铺平，如图5-17所示。

（10）安装另一侧纸面石膏板：安装方法与第一侧纸面石膏板相同，其接缝应与第一侧面板错开，如图5-18所示。

图 5-17 填充隔声、保温、防火等材料

图 5-18 安装另一侧的纸面石膏板

（11）接缝及护角处理：纸面石膏板安装时，其接缝处应适当留缝（一般3～6 mm），并必须坡口与坡口相接，接缝内浮土清除干净后，刷一道50%浓度的胶水溶液，用小刮刀把接缝腻子嵌入板缝，板缝要嵌满嵌实，与坡口刮平。待腻子干透后，检查嵌缝处是否有裂纹产生，如产生裂纹要分析原因，并重新嵌缝。在接缝坡口处刮约1 mm厚的腻子，然后粘贴玻纤带，压实刮平。当腻子开始凝固又尚处于潮湿状态时，再刮一道腻子，将玻纤带埋入腻子中，并将板缝填满刮平。

护角需要进行处理，当设计要求作金属护角条时，按设计要求的部位、高度，先刮一层腻子，随即用镀锌钉固定金属护角条，并用腻子刮平，安门窗框，墙面安装胶合板时，阳角的处理应采用刨光起线的木质压条，以增加装饰，如图5-19所示。

（12）质量检验：待板缝腻子干燥后，检查板缝是否有裂缝产生，如发现裂纹，必须分析原因，采取有效的措施加以克服，否则不能进入板面装饰施工。

图 5-19　接缝及护角处理

（三）室内石膏板隔墙施工工艺要求

1. 技术准备

对拿到的设计图纸进行会审，编制骨架隔墙安装工程施工方案，对施工班组进行技术、安全交底。

2. 材料质量要求

轻钢龙骨石膏板隔墙材料质量要求如表 5-1 所示。

表 5-1　轻钢龙骨石膏板隔墙材料质量要求

项次	名　称	质　量　要　求
1	轻钢龙骨	检查采购的轻钢龙骨主件（顶龙骨、地龙骨、加强龙骨、竖（横）向龙骨、横撑龙骨）、配件（支撑卡、卡托、角托、连接件、固定件、护角条、压缝条等）是否符合设计要求，所使用的产品是否具有质量合格证，产品外观应表面平整、棱角挺直，过渡角及切边不允许有裂口和毛刺，表面不得有严重的污染、腐蚀和机械损伤
2	紧固材料	射钉、膨胀螺栓、镀锌自攻螺丝等，应符合设计和国家质量要求
3	填充材料	玻璃棉、矿棉板、岩棉板等，按设计要求选用
4	纸面石膏板	纸面石膏板应有产品合格证，规格应符合设计图纸的要求
5	接缝材料	接缝腻子、玻纤带（布）、接缝腻子等符合国家质量要求

3. 作业条件

（1）主体结构已验收，屋面已做完防水层，顶棚、墙体抹灰已完成。

（2）室内弹出 50 cm 标高线。

（3）作业的环境温度不应低于 5 ℃。

（4）熟悉图纸，并向现场施工人员作详细的技术交底。

（5）根据设计施工图要求备料，核实隔墙使用的全部材料配套齐全。安装各种系统的管、线、盒且其他准备工作已到位。

（6）主体结构墙、柱为砖砌体时，应在隔墙交接处按 1000 mm 间距预埋防腐木砖。

（7）设计要求隔墙有地枕带时，应先将细石混凝土地枕带施工完毕，待其强度达到 10 MPa 以上方可进行轻钢龙骨的安装。

（8）如果使用木龙骨必须进行防火处理，并应符合有关防火规范，直接接触结构的木龙骨应预先刷防腐漆。

（9）先作一道样板墙，经鉴定合格后再大面积施工。

（四）室内石膏板隔墙施工的成品保护

（1）轻钢骨架隔墙施工中，各工种间应保证已安装项目不受损坏，墙内电线管及附墙设备不得碰动、错位及损伤。

（2）轻钢龙骨及纸面石膏板入场，存放使用过程中应妥善保管，保证不变形、不受潮、不污染、无损坏。

（3）施工部位已安装的门窗、场面、墙面、窗台等应注意保护，防止损坏。

（4）已安装好的墙体不得碰撞，保持墙面不受损坏和污染。

（五）室内石膏板隔墙施工质量验收标准和方法

室内石膏板隔墙施工工程项目质量检验标准和方法如表5-2所示。

表5-2　室内石膏板隔墙施工工程项目质量检验标准和方法

项次	质 量 要 求	检 验 方 法
1	所用龙骨、配件、墙面板、填充材料及嵌缝材料的品种规格性能和木材的含水率应符合设计要求。有隔声、隔热、阻燃、防潮等特殊要求的工程材料应有相应性能等级的检测报告	观察；检查产品合格证书、进场验收记录、性能检测报告和复验报告
2	边框龙骨必须与基体结构连接牢固，并应平整、垂直、位置正确	手扳检查、尺量检查、检查隐蔽工程验收记录
3	龙骨间距和构造连接方法应符合设计要求。骨架内设备管线的安装、门窗洞口等部位加强龙骨应安装牢固、位置正确，填充材料应符合设计要求	检查隐蔽工程验收记录
4	面板应安装牢固，无脱层、翘曲、折裂及缺损	观察；手扳检查
5	墙面板所用接缝材料和接缝方法应符合设计要求	观察
6	隔墙表面应平整光滑、色泽一致、洁净、无裂缝，接缝应均匀、顺直	观察；手摸检查
7	隔墙上的孔洞、槽、盒应位置正确、套割吻合、边缘整齐	观察
8	隔墙内的填充材料应干燥，填充应密实、均匀、无下坠	轻敲检查；检查隐蔽工程验收记录

三、学习任务小结

通过本次任务的学习，同学们已经初步了解了室内石膏板隔墙的施工准备工作、施工步骤和施工工艺要求。同时，了解了室内石膏板隔墙施工应注意的施工质量问题和成品保护方法，以及质量验收标准和方法。课后，同学们要在老师的带领下走访室内装饰工程的施工现场，亲身观察和参与室内石膏板隔墙施工的全过程，让理论知识与实践应用紧密结合起来。

四、课后作业

（1）每位同学制作一份室内石膏板隔墙施工工艺PPT文件。

（2）参观室内装饰工程的施工现场1次，参观完毕后撰写心得体会1篇，字数不少于500字。

学习任务二 室内顶棚造型天花施工工艺与材料

教学目标

(1) 专业能力:学习室内顶棚造型天花施工工艺与构造的基本知识,了解室内顶棚造型天花施工工艺与构造,掌握不同室内顶棚造型天花的施工流程和工艺,以及室内顶棚造型天花成品保护和质量验收标准、检验方法。

(2) 社会能力:通过对室内顶棚造型天花施工工艺与构造的学习,能为以后的现场施工组织工作和监理工作打下扎实的基础。

(3) 方法能力:资料收集能力、实践操作能力。

学习目标

(1) 知识目标:掌握室内顶棚造型天花施工工艺与构造的基本知识。

(2) 技能目标:掌握不同室内顶棚造型天花的施工流程和工艺,以及室内顶棚造型天花成品保护和质量验收标准、检验方法。

(3) 素质目标:理论与实操相结合,自主学习、细致观察,亲身体验。

教学建议

1. 教师活动

(1) 教师前期收集室内顶棚造型天花施工流程和工艺的实物、图片、视频等,用思维导图的方式加深学生对关键内容的理解,引导学生对室内顶棚造型天花施工流程和工艺进行分析和探讨。

(2) 教师指导学生进行室内顶棚造型天花施工实训。

2. 学生活动

(1) 学生根据学习任务进行课堂理论学习和实操练习,老师巡回指导。

(2) 认真观察与分析,保持热情,学以致用,加强实践与总结。

一、学习问题导入

室内顶棚造型天花施工是室内装修木工的主要工作之一。本次课以安装轻钢龙骨石膏板吊顶为案例讲述其施工步骤和施工方法。轻钢龙骨石膏板吊顶是室内顶棚造型天花中常用且具有代表性的种类,通过本次课的学习,同学们要学会轻钢龙骨石膏板吊顶的施工工艺和方法,掌握室内顶棚造型天花施工技能。常见的室内天花吊顶如图 5-20 所示。

图 5-20　常见的室内天花吊顶

二、学习任务讲解

（一）室内顶棚造型天花施工前准备

常见的室内顶棚造型天花有平吊顶、跌级吊顶、异型吊顶和混搭吊顶。平吊顶是天花吊顶中常用且具有代表性的种类。本任务以平吊顶为案例讲述其施工步骤、施工方法。平吊顶施工前准备如下。

1. 主要材料

平吊顶施工的主要材料有吊杆、主龙骨、副龙骨、木枋、硅钙板、膨胀螺丝、射钉、螺丝等,如图 5-21 所示。

图 5-21　室内顶棚造型天花施工主要材料

2．主要机具

平吊顶施工的主要机具有电钻、手持式角磨机、电锯切割机、手电钻、气钉枪、压缩机、风批、投线仪等，如图 5-22 所示。

图 5-22　室内顶棚造型天花施工主要工具

3．作业条件

（1）熟悉图纸、设计说明及施工现场。

（2）对图纸要求标高、洞口及顶内管道设备等核对无误。

（3）进场材料已验收完毕且备足。

（二）室内顶棚造型天花施工工艺流程

1．施工步骤

弹线→切割及配装吊杆→安装吊杆→安装边龙骨→安装主龙骨→安装副龙骨→调平龙骨→安装面板→灯槽开孔。

2．操作工艺

（1）弹线：根据楼层标高水平线、设计标高，沿墙四周弹顶棚标高水平线，并沿顶棚的标高水平线，在墙上划好龙骨分档位置线，如图 5-23～图 5-25 所示。

 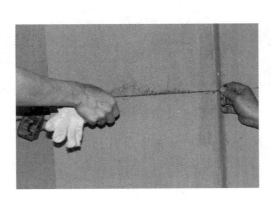 

图 5-23　确定水平标高基准线　　　　图 5-24　弹线　　　　图 5-25　弹线施工完成效果

（2）切割及配装吊杆：弹好龙骨控制标高水平线后，接着安装吊杆。安装吊杆前，需要按照确定好的高度进行切割,然后再配装吊杆,如图 5-26～图 5-28 所示。

图 5-26　切割吊杆

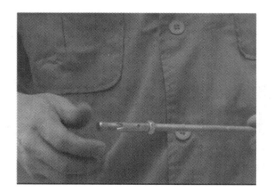
图 5-27　安装吊杆

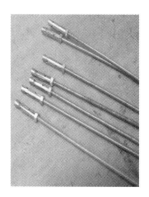
图 5-28　吊杆安装完成

（3）安装吊杆:在弹好顶棚标高水平线及龙骨位置线后,确定吊杆下端头的标高,安装吊杆。一般从房间吊顶中心向两边分,不上人吊顶间距为 1200～1500 mm,吊点分布要均匀。如遇梁和管道固定点大于设计和规程要求,应增加吊杆的固定点,如图 5-29～图 5-31 所示。

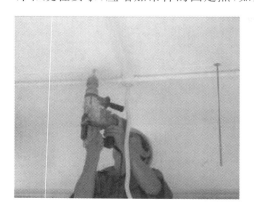
图 5-29　钻孔

图 5-30　安装吊杆

图 5-31　吊杆安装完成

（4）安装边龙骨:安装好吊杆后,接着是安装边龙骨,在弹好的龙骨控制标高水平线上安装边龙骨,安装时用水泥钉固定,固定间距为 300 mm 左右,如图 5-32～图 5-34 所示。

图 5-32　沿标高线测量木枋开料尺寸

图 5-33　切割木枋

图 5-34　固定木枋

（5）安装主龙骨:安装好边龙骨后,接着是安装主龙骨,首先把主龙骨挂到安装好的吊杆上,吊杆插入主龙骨后拧上螺母将主龙骨固定,目测主龙骨是否平直,可以通过调节吊杆上的螺母来进行调整,依次把其他的龙骨安装好,如图 5-35～图 5-37 所示。

（6）安装副龙骨:安装前,先对副龙骨与边龙骨连接的一端进行处理,用铁剪把副龙骨两边剪开两道口,双手握紧铁剪用力剪取,然后用铁锤把副龙骨剪开的部分敲平,并折回,以便打钉将其固定在边龙骨上,副龙骨直接安装在主龙骨卡槽内,间距为 300～600 mm,如图 5-38～图 5-40 所示。

图 5-35　切割主龙骨　　　　　图 5-36　安装主龙骨　　　　　图 5-37　主龙骨完成效果

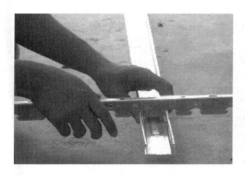

图 5-38　副龙骨卡进主龙骨卡槽　　　　图 5-39　副龙骨固定在边龙骨上　　　　图 5-40　副龙骨完成效果

（7）调平龙骨：安装完龙骨后，进行龙骨的调平，制作一个简易的小平台，在墙面上安装平台，架设投线仪，投线仪在四周墙面投射出红外线，调平好投线仪之后，用卷尺测量红外线至边龙骨底部的距离，根据得出的距离切割木块，以调平龙骨。将木块放置在副龙骨下端，通过观看红外线投射在木块上的位置来检查龙骨是否处于同一平面，如图 5-41～图 5-43 所示。

图 5-41　架设投线仪　　　　　图 5-42　调平龙骨　　　　　图 5-43　完成效果

（8）安装面板：安装好龙骨后进行面板安装，面板采用规格为 1220 mm×2440 mm 的硅钙板，用卷尺分别在面板两短边量出 4 等分，每一等分是 305 mm，并作好标记。根据标记，弹出安装定位线，接下来依次在定位线上钻孔，钻孔的作用是定出打钉位置及方便让钉帽镶入面板。纸面石膏板与轻钢龙骨固定的方式采用自攻螺钉固定法，在已安装好并经验收的轻钢骨架下面安装纸面石膏板，钉帽应刷防锈涂料，并用石膏腻子抹平，如图 5-44～图 5-46 所示。

（9）灯槽开孔：安装好面板后，在安装好的天花上量出筒灯开孔位置，并做好标记。用木条和两枚钢钉制作一个简易圆规，将两枚钢钉钉穿在木条上，它们之间的距离为圆孔的半径，以一根钢钉为轴心将其钉在圆心标志上，旋转木条一周，利用另一钢钉的钉尖在天花上划出圆孔。然后用射钉枪沿着画好的圆孔打钉，注意打钉间距应均匀紧密，最后用锤子敲开即可，如图 5-47～图 5-49 所示。

图 5-44　弹出安装定位线

图 5-45　定位线上钻孔

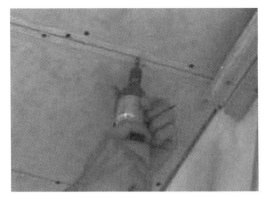

图 5-46　自攻螺钉固定

图 5-47　量出筒灯开孔位置

图 5-48　用射钉枪沿画好的圆孔打钉

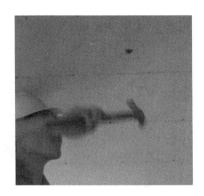

图 5-49　用锤子敲开即可

（三）室内顶棚造型天花成品保护

（1）待吊顶内管线、设备施工安装完毕后，办理好交接，再调整龙骨、封罩面板，并做好吊顶内的管线、设备的保护。同时，配合好各专业对灯具、喷淋头、烟感、回风、送风口用纸胶带、塑料布进行粘贴、扎绑保护。

（2）骨架、饰面板及其他吊顶材料在进场、存放、使用过程中应严格管理，保证不变形、不受潮、不生锈。施工部位已安装的门窗、地面、墙面、窗台等应注意保护，防止损坏。

（3）已装好的轻骨架上不得上人踩踏，其他工种的吊挂件不得吊于轻骨架上。

（4）一切结构未经原设计单位同意，不能乱打乱凿。

（5）饰面板安装后，应采取保护措施，防止损坏、污染。

（四）质量要求

（1）弹好的龙骨控制标高水平线保持清晰，不能出现模糊不清和重叠的线，其水平允许偏差为±5 mm。

（2）吊杆两端没毛糙的铁屑和铁刺。

（3）吊杆与天花应垂直和牢固。

（4）龙骨安装应平整和牢固。

（5）面板与面板之间接缝平整，间隙不大于 2 mm。

（6）开口为圆形且没缺口。

（五）操作技巧

（1）提线时轻拿快放，垂直于墙面，不应倾斜，提起点尽量靠近整段墨线的中部位置。

（2）切割吊杆时，砂轮片与吊杆保持垂直。

（3）打磨吊杆时，砂轮片与吊杆形成 30°，把毛糙的铁屑、铁刺打磨掉；再把砂轮片与吊杆形成 90°垂直，使吊杆横截面没有尖刺。

（4）将面板移近天花时，将板转平，用双手平托上去，紧贴龙骨，再用制作好的木托支撑，使双手能释放出来调整面板。

（5）开灯位孔时，用射钉枪沿着画好的圆孔打钉，注意打钉间距应均匀紧密。

三、学习任务小结

通过本次任务的学习，同学们已经初步掌握了室内顶棚造型天花中平吊顶的施工流程和工艺。同时，了解了室内顶棚造型天花成品保护和质量验收标准、检验方法，对室内顶棚造型天花有了全面的认识。课后要多收集相关的室内顶棚造型天花的知识和施工工艺，并到室内装饰工程施工现场体验室内顶棚造型天花施工流程和工艺，将理论与实践紧密结合起来。

四、课后作业

（1）每位同学收集和整理有关室内顶棚造型天花的几种类型，并依次介绍不同天花的制作流程。

（2）在老师的带领下到室内装饰工程施工现场体验室内顶棚造型天花施工流程和工艺，并撰写 800 字的体验报告。

学习任务三　室内墙身造型施工工艺与材料

教学目标

（1）专业能力：了解室内墙身造型种类及优缺点，掌握室内墙身造型施工流程和工艺。

（2）社会能力：通过对室内墙身造型施工工艺的学习和实训，能为以后的现场施工组织工作和监理工作打下扎实的基础。

（3）方法能力：资料收集能力、施工工艺应用能力、实践操作能力。

学习目标

（1）知识目标：了解室内墙身造型种类及优缺点。

（2）技能目标：掌握室内墙身造型施工流程和工艺。

（3）素质目标：理论与实操相结合，提升自主学习能力和动手能力。

教学建议

1. 教师活动

（1）教师运用多媒体课件、教学视频，以及现场施工教学等多种教学手段，引导学生进行理论学习和实践操作，提高学生对室内墙身造型的认知。

（2）将多种教学方法有机结合，激发学生的积极性，深入浅出地进行室内墙身造型知识点讲授和施工流程和工艺讲解。

2. 学生活动

（1）学生根据学习任务进行课堂理论学习和实操练习，老师巡回指导。

（2）学生进行室内墙身造型实训成果分析，加强实践与总结。

一、学习问题导入

近年来随着人们审美的多元化，墙面的装饰也不再是以简单的壁纸和油漆涂料为主了。尤其是在装修风格比较鲜明、样式比较丰富的室内公共空间，很多都需要做装饰背景墙，例如酒店接待区背景墙、办公空间企业形象墙等。墙身的造型可以极大地提升室内空间的装饰效果和品质。

二、学习任务讲解

以铝塑板饰面墙身造型为例，讲述其施工步骤和施工方法。

1. 施工准备

（1）材料要求。

主要材料：木枋、铝塑板、夹板，如图 5-50 所示。

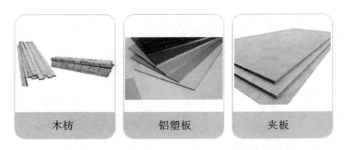

| 木枋 | 铝塑板 | 夹板 |

图 5-50　主要材料

辅助材料：钢钉、胶黏剂、射钉等，如图 5-51 所示。

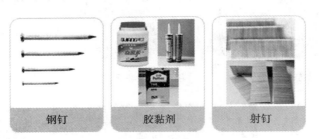

| 钢钉 | 胶黏剂 | 射钉 |

图 5-51　辅助材料

（2）施工工具。

施工工具包括木刨、美工刀、墨斗、卷尺、锤子、棉线、梯子、铅笔、大力钳等，如图 5-52 所示。

（3）作业条件。

墙面清理干净，墙面的电器设备穿线完成，施工材料准备齐全。

2. 施工工艺流程

墙身放线→切割龙骨→拼装龙骨→固定龙骨→安装底板→切割铝塑板→安装铝塑板→撕保护膜。

3. 主要操作工艺和施工要点

（1）墙身放线：根据施工图纸，从柱边量出相应长度并做好标记，架设投线仪对准标记，在墙上放出垂直红外线，依次再弹出龙骨定位线，如图 5-53～图 5-55 所示。

（2）切割龙骨：根据设计图纸要求，量出柱角至固定好的木枋之间的距离，确定龙骨开料的尺寸，如图 5-56～图 5-58 所示。

（3）拼装龙骨：将所需木枋切割好，然后进行拼装，根据凹枋间距，将凹枋大致铺开，用锤子将横竖凹枋的凹槽对正卡紧，将切割好的光枋放在凹枋交接的位置上，在需要打钉的位置用铅笔做好标记，然后用铁钉固定，如图 5-59～图 5-61 所示。

（4）固定龙骨：将龙骨固定在墙上，需要先安装造型墙侧面底板。根据造型墙侧面的宽度，用锯台切割

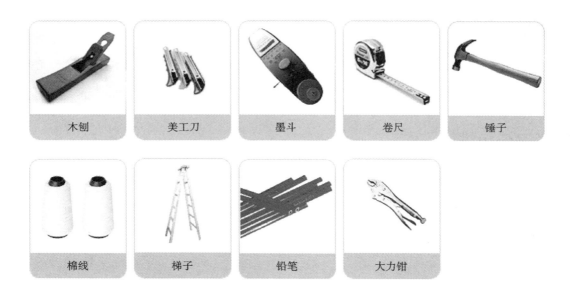

| 木刨 | 美工刀 | 墨斗 | 卷尺 | 锤子 |

| 棉线 | 梯子 | 铅笔 | 大力钳 |

图 5-52　施工工具

图 5-53　架设投线仪对准标记

图 5-54　在天花和地面上弹出定位线

图 5-55　完成墙身放线

图 5-56　量出木枋之间的距离

图 5-57　切割木枋

图 5-58　完成切割龙骨的工作

板条。紧贴着粘在边龙骨的外侧,并打入几枚销钉做固定,然后沿着定位线,打钉对准已经弹好的定位线将龙骨固定,如图 5-62～图 5-64 所示。

　　(5)安装底板:按照设计图纸切割好夹板,在安装前,均匀地在龙骨上刷上白乳胶。为了使安装方便,在安装底板前,先在底板的底部位置钉个小木块,方便调整底板。调整夹板位置,使夹板边与龙骨上的标记对齐,确定位置后,打钉固定,如图 5-65～图 5-67 所示。

　　(6)切割铝塑板:根据设计要求,将墙面饰面板切割成相对应的等份,切割完铝塑板后,用木刨把铝塑板的边刨平整。用卷尺测量底板的横截面的长度,即铝塑板的弯折位置,然后使用锣机在铝塑板上开槽,开完槽后,弯折成直角,如图 5-68～图 5-70 所示。

图 5-59　拼装木枋

图 5-60　将横竖凹枋对正卡紧

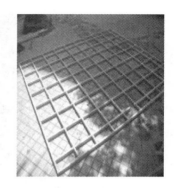
图 5-61　完成拼装龙骨工作

图 5-62　安装侧面板

图 5-63　龙骨与墙面使用钢钉固定

图 5-64　调整龙骨

图 5-65　龙骨上刷上白乳胶

图 5-66　底部位置钉个小木块

图 5-67　打钉固定底板

图 5-68　切割铝扣板

图 5-69　使用锣机开槽

图 5-70　弯折铝塑板

（7）安装铝塑板：切割完铝塑板后，接下来进行铝塑板安装，铝塑板的拼贴应从上往下进行，在拼贴前，先进行墙面试拼，以确保完成后板的阳角垂直，板的接缝平整。接下来在铝塑板背面和底板上涂抹一层万能胶，从折角处开始向板的另一面用手在铝塑板表面均匀按压、敲击，使得铝塑板与底板紧密黏合。安装完铝塑板后，用黑色玻璃胶在板与板之间填缝。填缝时，玻璃胶要均匀填满缝隙，如图 5-71～图 5-73 所示。

（8）撕保护膜：在完成室内其他工序的施工后就可以撕去铝塑板表面的保护膜，首先用美工刀在墙与铝塑板间划一道痕，再从一边的边缘撕开保护膜。撕开保护膜时，尽量使保护膜整体撕开，如图 5-74～图 5-76 所示。

图 5-71　铝塑板上抹上万能胶

图 5-72　从折角处进行安装

图 5-73　玻璃胶填满缝隙

图 5-74　用美工刀划一道痕

图 5-75　撕开保护膜

图 5-76　完成效果

4. 质量要求

(1) 定位准确,弹线清晰。

(2) 龙骨长度与安装长度一致。

(3) 木枋的完成面平齐。

(4) 与定位线齐平,整体平整。

(5) 底板安装完成面平整。

(6) 铝塑板表面光洁、无毛刺。

(7) 缝口紧密。

(8) 板面间缝隙宽度均匀。

(9) 保护膜能整体撕开。

5. 操作技巧

(1) 在横竖龙骨交接处,45°打钉。

(2) 刨平铝塑板边缘,木刨要成 45°对准铝塑板。

(3) 平稳均匀地移动锣机,进刀量控制在 1～2 mm 的范围内,超过的分多次进行铣削。

(4) 先在木龙骨表面均匀刷一层白乳胶,再安装底板。

(5) 先在地面试拼装铝塑板,以确保施工后面板平整。

(6) 在铝塑板表面均匀按压、敲击,使得铝塑板与基底板紧密黏合。

6. 成品保护措施

(1) 墙身造型所用材料在没有使用时,不能将包装拆除,并放在干燥的地方保存。

(2) 施工完成后不能再进行墙面的油漆、涂料等施工,保证不污染造型墙面。

(3) 墙身造型完成后,需要进行其他分项施工时必须用塑料膜保护。

(4) 墙身造型施工完成后必须加以保护,严禁非作业人员按压,以免表面造成污染和不平。

三、学习任务小结

　　通过本次任务的学习,同学们已经初步了解了室内墙身造型施工流程和工艺,以及应注意的质量问题及处理措施等基本知识。课后,要多收集相关的室内墙身造型施工工艺资料,并到室内装饰工程施工现场体验室内墙身造型施工流程和工艺,将理论与实践紧密结合起来。

四、课后作业

(1) 每位同学收集和整理有关室内墙身造型的资料,并选择其中一种造型的制作工艺流程作详细讲解。

(2) 在老师的带领下到室内装饰工程施工现场体验室内墙身造型施工流程和工艺,并撰写 800 字的体验报告。

学习任务四　室内木地板铺设施工工艺与材料

教学目标

（1）专业能力：了解室内木地板铺设施工工艺的施工准备工作、施工步骤和工艺要求，掌握室内木地板铺设施工流程和工艺。

（2）社会能力：通过对室内木地板铺设施工工艺的学习，能为以后的现场施工组织工作和监理工作打下扎实的基础。

（3）方法能力：资料收集能力、施工工艺应用能力、实践操作能力。

学习目标

（1）知识目标：了解室内墙面玻璃造型工艺的施工准备工作、施工步骤和工艺要求。

（2）技能目标：掌握室内木地板铺设施工流程和工艺。

（3）素质目标：理论与实操相结合，提升自主学习能力和动手能力。

教学建议

1. 教师活动

（1）教师运用多媒体课件、教学视频，以及现场施工教学等多种教学手段，引导学生进行理论学习和实践操作，提高学生对室内木地板铺设的认知。

（2）将多种教学方法有机结合，激发学生的积极性，深入浅出地进行室内木地板铺设知识点讲授和施工流程和工艺讲解。

2. 学生活动

（1）学生根据学习任务进行课堂理论学习和室内木地板铺设实操练习，老师巡回指导。

（2）学会分析和总结室内木地板铺设施工工艺与效果。

一、学习问题导入

室内木地板铺设是室内装修木工的主要工作之一,木地板铺设一般有龙骨铺设法、直接粘贴铺贴法、悬浮式铺设法三种铺设方式。本次学习任务以龙骨铺设法为案例讲述木地板铺设的施工步骤和施工方法。龙骨铺设法是地板铺设中常用的施工方法,同学们可以通过本案例的学习,学会按照施工步骤完成木地板铺设的实训,掌握木地板铺设的施工通用知识和专业技能。

二、学习任务讲解

1. 施工准备

(1)主要材料:木枋、夹板、木地板、踢脚线,如图 5-77 所示。

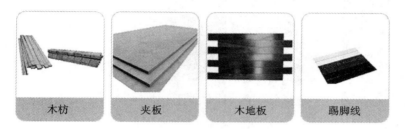

图 5-77 主要材料

(2)辅助材料:胶黏剂、射钉、铁钉、珍珠棉,如图 5-78 所示。

图 5-78 辅助材料

(3)施工工具:投线仪、锯台、气钉枪、压缩机、电钻、电锯切割机,如图 5-79 所示。

图 5-79 施工工具

2．施工步骤

放线定位→安装木格栅→安装底板→安装面板→安装踢脚线。

（1）放线定位。

架设投线仪，放出水平红外线，依据施工图纸，量出木格栅的安装高度，根据测量的尺寸，制作对应大小的木块，以便在墙上做等距的标记。把木块的上边缘与红外线对齐，用铅笔沿着下边缘依次在墙体转折面处做好标记。如制作的小木块不是正方形，在标记时应注意统一一一边来进行。根据标记，使用墨斗进行弹线，如图5-80～图5-82所示。

图 5-80　量出木格栅安装高度

图 5-81　使用墨斗进行弹线

图 5-82　完成效果

（2）安装木格栅。

首先按地面的尺寸制作木格栅，主次格栅的间距应根据底板的长宽模数来确定，出现柱角时，应根据柱角尺寸，对木格栅相对应的一角进行修整，把制作好的木格栅两端用钉子固定在墙上。墙面打钉固定完成后，为了使木格栅的支承更加牢固，还需要使用木尖和小木块对其进行加固，如图5-83～图5-85所示。

图 5-83　切割拼装龙骨

图 5-84　两端用钉子固定在墙上

图 5-85　使用小木块进行加固

（3）安装底板。

在安装底板前应在墙和收口木板上标出木格栅龙骨位置，先测量木格栅尺寸。根据标记先切割木板的宽度，再切割柱角，然后，在格栅龙骨上刷适量白乳胶，再把木板铺置在上面，根据墙上和侧面板条上的标记，沿着直边木块打钉，将底板钉牢，做到坚固平整，如图5-86～图5-88所示。

图 5-86　测量木格栅尺寸

图 5-87　刷白乳胶

图 5-88　底板安装完成

（4）安装面板。

根据施工规范，在安装面板前，先要根据基底的尺寸铺设珍珠棉片。在珍珠棉片上铺设地板面层，铺设的方向应按照设计要求，如果设计无要求时则按"顺光、顺着行走方向"的原则来确定。确定位置后，用钉枪打钉将面板固定在底层上，注意钉枪应与面板保持45°进行作业，打钉时还应反复用直边木条检查，如图5-89～图5-91所示。

图5-89　铺设珍珠棉片

图5-90　打钉将面板固定

图5-91　完成面板安装

（5）安装踢脚线。

为了美观，在装好的地板与墙面的接缝处装上踢脚线，先量出安装尺寸，根据尺寸在木板上做好标记，进行踢脚线切割，将踢脚线的装饰盖取下，在凹槽位置打钉将踢脚线固定在墙上。按照同样的操作方法在凹槽位置打钉，将其固定在墙上，最后装上装饰盖，按此方法完成其余墙面踢脚线的安装，如图5-92～图5-94所示。

图5-92　量出安装尺寸

图5-93　切割板材

图5-94　凹槽位置打钉将踢脚线
　　　　　固定在墙上

3. 质量要求

（1）放线定位：弹出的定位线应水平。

（2）安装木格栅：木格栅的上端与定位线齐平并平整牢固。

（3）安装底板：底板应坚固平整、不起壳。

（4）安装面板：面板与面板之间应拼接紧密，缝隙不应大于1 mm。

（5）安装踢脚线：踢脚线切割时应将角位的边缘切割成45°角；接缝严密，高度一致。

4. 操作技巧

（1）固定木格栅过程中，可以用锤子调节木格栅的高度，务必确保木格栅的上端与定位线齐平。

（2）小木块应紧贴木格栅并与地面保持垂直。

（3）根据墙上和加固板条上的标记，沿着直边木块打钉，将底板钉牢。

（4）用钉枪打钉将面板固定在底层上，注意钉枪应与面板保持45°。

（5）采用工字缝铺法。在铺设第二行面板时，竖缝应与第一行间隔错开。

5. 成品保护

（1）对刚刚完成铺贴的房间应挂友情提示，避免在养护期内遭到破坏。

（2）可以铺一些柔软耐冲击的材料，加以防护。

（3）后期的墙漆、胶水、有机溶剂有可能在施工中不慎滴落，污染木地板表面，可以铺些隔离物加以防护。

三、学习任务小结

通过本次任务的学习,同学们已经初步了解了室内木地板龙骨铺设方式,掌握了室内木地板龙骨铺设的施工流程和工艺,以及应注意的质量问题及处理措施等基本知识。课后,要多收集相关的室内木地板铺设施工工艺资料,并到室内装饰工程施工现场体验室内木地板铺设的施工流程和工艺,将理论与实践紧密结合起来。

四、课后作业

(1)每位同学制作一份其他室内木地板铺设施工工艺PPT文档。

(2)在老师的带领下到室内装饰工程施工现场体验室内木地板铺设施工流程和工艺,并撰写800字的体验报告。

项目六　涂料工程装饰材料与施工工艺

学习任务一 装饰涂料的基本知识

教学目标

（1）专业能力：了解涂料的基本知识，掌握装饰涂料的作用、组成和分类。

（2）社会能力：通过教师讲授、课堂师生问答、小组讨论，拓展学生视野，激发学生兴趣和求知欲。

（3）方法能力：学以致用，加强实践，通过不断学习和实际操作，掌握装饰涂料的基本知识、使用特点、适用范围和施工工艺等。

学习目标

（1）知识目标：通过本次学习任务的学习，能够理解和掌握装饰涂料的基本知识。

（2）技能目标：通过本次学习任务的学习，能够厘清装饰涂料的作用、组成和分类，并能举一反三地说明装饰涂料的使用特点和适用范围。

（3）素质目标：自主学习、细致观察、举一反三，理论与实操相结合，开阔学生的视野，扩大学生的认知领域，提升专业兴趣，提高大胆运用装饰涂料的能力。

教学建议

1. 教师活动

（1）教师前期收集各种装饰涂料实物材料样板、图片和视频等资料，并运用多媒体课件、教学视频等多种教学手段，提高学生对装饰涂料的直观认识。

（2）深入浅出地进行知识点讲授和应用案例分析。

（3）引导课堂师生问答，互动分析知识点，引导课堂小组讨论。

2. 学生活动

（1）认真听课、看课件、看视频；记录问题，积极思考问题，与教师良性互动，解决问题；总结，做笔记、写步骤、举一反三。

（2）细致观察、学以致用，积极进行小组间的交流和讨论。

一、学习问题导入

各位同学，大家好，今天我们一起来学习装饰涂料。涂料是指涂于物体表面能形成具有保护、装饰或特殊性能（如绝缘、防腐、标志等）的固态涂膜的液体或固体材料的总称。因早期的涂料大多以植物油为主要原料，故又称作油漆。现在合成树脂已取代了植物油，故称涂料。用于室内、外墙面装饰的涂料称为装饰涂料，主要分为水性涂料和溶剂型涂料两大类，如图 6-1 和图 6-2 所示。

图 6-1　涂料的室内装饰效果（见附图）

图 6-2　涂料的室内外装饰效果（见附图）

二、学习任务讲解

（一）装饰涂料的作用

1. 保护作用

装饰涂料涂刷在材料表面形成一层连续、致密的保护薄膜，可以使材料表面与阳光中紫外线、大气、微生物和水等隔离，免受或者少受自然因素的侵蚀和破坏，具有耐磨、耐侵蚀、耐气候、抗污染等功能，起到保护材料、延长并提高材料使用寿命的作用。

2. 装饰作用

装饰涂料的化学成分包含各种有机物质、有色物质和添加剂，在施工中主要采用涂刷、喷涂、滚花等工艺，让涂料附着于物体表面，形成薄膜，并具有各种色彩、纹理、图案、光泽和质感，起到装饰的作用。一些不透明漆在材料表面着色的同时，能使薄膜表面形成各种纹理，或让表面呈现荧光、珠光和金属光泽。涂料丰富的色彩和多样性的装饰效果为设计表现提供了很大的帮助，如图 6-3 所示。

3. 其他作用

装饰涂料有吸声、隔热、防腐的作用，利于清洁，能改变材料的亮度和色彩。特殊的装饰涂料还具有防火、防水、防霉、绝缘的作用，如图 6-4 和图 6-5 所示。

图 6-3　涂刷涂料后顶棚装饰效果（见附图）

图 6-4　新中式茶室会客厅装饰涂料（见附图）　　　　**图 6-5　新中式别墅书房装饰涂料（见附图）**

（二）装饰涂料的组成

1. 主要成膜物质

装饰涂料的主要成膜物质包括基料、胶黏剂和固着剂，既可以单独成膜，也可以与涂料中其他组成成分黏结在一起牢固附着于材料表面形成连续、完整、均匀、坚韧的保护膜。主要成膜物质应具有坚韧性、耐磨性、耐候性和化学稳定性。目前我国涂料所用的成膜物质主要是合成树脂。粉末状涂料和油性涂料分别如图 6-6 和图 6-7 所示。

图 6-6　粉末状涂料（见附图）　　　　　　　　　　**图 6-7　油性涂料（见附图）**

2. 次要成膜物质

装饰涂料的次要成膜物质是指涂料所用的颜料和填。这些物质以细微粉末状均匀分散于涂料介质中,赋予涂料色彩和质感,改善涂料性能,增加涂料的覆盖力,减少收缩,提高涂膜的强度、抗老化性和耐候性。次要成膜物质不能离开主要成膜物质而单独成膜。

3. 辅助成膜物质

装饰涂料的辅助成膜物质是指各种溶剂和助剂,如松香水、酒精、二甲苯、丙酮、催干剂、流平剂、固化剂、防霉剂、增塑剂等。辅助成膜物质对于提高涂料的附着力,调整涂料黏度、干燥时间、硬度,改善和增强涂料性能等有很大作用。

(三) 装饰涂料的分类

1. 按照主要成膜物质的化学成分分类

装饰涂料按照主要成膜物质的化学成分不同分为有机涂料、无机涂料和复合涂料。

(1) 有机涂料。

有机涂料是指以高分子化合物为主要成膜物质所组成的涂料。有机涂料涂饰于物体表面,能形成一层附着坚牢的涂膜。最常用的有机涂料有溶剂型涂料、水溶性涂料、合成树脂乳液型涂料。

①溶剂型涂料。

溶剂型涂料是以有机高分子合成树脂为主要成膜物质,以有机溶剂为稀释剂,加入适量的填料、颜料和助剂,经研磨加工而成的装饰涂料。常见的油漆类涂料就是溶剂型涂料。装饰涂料涂饰后溶剂挥发而成膜,细腻坚硬,结构致密,有较高的光泽度,有一定的耐水性、耐候性和耐酸碱性。

溶剂型涂料多用于涂饰木制品(如木作墙面、木地板)、金属制品等。溶剂型涂料品种繁多,施工工艺简单,常见的溶剂型涂料大多含苯类等致癌物质,所以在室内装饰工程中应尽量减少现场油漆施工环节和油漆涂饰面积。进行装饰涂料施工时要有防护措施,如佩戴口罩和防毒面具等。施工后室内要保持通风,并经过一段时间的放置后再使用。溶剂型涂料具有易燃性,要注意防火。目前国家在大力推行环保型溶剂型涂料。溶剂型外墙涂料多采用合成树脂涂料作为建筑物外墙装饰。

②水溶性涂料。

水溶性涂料是以水溶性合成树脂为主要成膜物质,以水为稀释剂,加入适量的颜料、填料及辅助材料等,经研磨而成的一种装饰涂料。部分水溶性涂料因含有游离甲醛而被禁止使用。

③合成树脂乳液型涂料。

合成树脂乳液型涂料又称乳胶漆,是将合成树脂加入适量的乳化剂,以极细微粒分散于水中形成乳液,再以乳液为主要成膜物质并加入适量的颜料、填料和辅助材料经研磨而成的装饰涂料。乳胶漆有内外墙两种产品,从光泽度上又分为亚光、半光、中光、高光,如图 6-8 所示。

图 6-8 乳胶漆(见附图)

不同品牌的乳胶漆在价格和质量上存在较大差异。常见的乳胶漆包装为大口塑料桶或者内衬塑料袋的铁桶,常见规格为 5 L、15 L、18 L、20 L、25 L 等,理论消耗量为 10～13 m²/L。乳胶漆色彩多样,每个品牌店都有色卡、色标、色表,有成品或者可以进行现场电脑配色。品牌漆一般都有配套的面漆和底漆,底漆用量一般为面漆的1/2(一底两面)。

内墙涂料用量面积计算:涂刷面积=房屋使用面积×3。

房屋使用面积与购买数量汇总表如表6-1所示。

表6-1 房屋使用面积与购买数量汇总表

使用面积/m²		40	50	60	70	80	90	100	110	120	130	140
底漆	用量/L	10	12	14	17	19	21	24	26	28	30	33
	购买量/桶	2	3	3	4	4	5	5	6	6	6	7
面漆	用量/L	18	22	26	30	35	39	43	48	52	56	60
	购买量/桶	4	5	6	6	7	8	9	10	11	12	12

注:桶的容积为5 L。

常用合成树脂乳液内墙涂料的品种及适用建筑档次如下。

①临时或普通建筑:乙烯-醋酸乙烯共聚乳胶漆。

②中档建筑:醋酸乙烯-丙烯酸乳胶漆、苯乙烯-丙烯酸乳胶漆、醋酸乙烯-叔碳酸乙烯酯共聚乳胶漆。

③高档建筑:纯丙烯酸乳胶漆、硅丙乳胶漆、水性聚氨酯涂料、水性氟碳涂料。

(2)无机涂料。

无机涂料是一种以无机材料为主要成膜物质的涂料,是全无机矿物涂料的简称,因性能优越,广泛用于建筑和室内装饰领域。无机涂料是由无机聚合物和经过分散活化的金属、金属氧化物纳米材料、稀土超微粉体组成的无机聚合物涂料,能与钢结构表面铁原子快速反应,生成物具有物理、化学双重保护作用。其对环境无污染,使用寿命长,防腐性能优越,是符合环保要求的高科技产品。

无机涂料的基料往往直接取材于自然界,来源十分丰富,但早期的无机涂料质地疏松、耐水性差、易起粉、剥落等,已很少使用。无机高分子涂料是近年来发展起来的一大类新型装饰涂料。目前所使用的内外墙无机分子涂料主要是以碱金属硅酸盐(水玻璃)和胶态二氧化硅(硅溶胶)为主要成膜材料,加入颜料、填料、助剂等经研磨而成的涂料。无机涂料具有资源丰富、价格便宜、耐老化、耐高温、耐腐蚀、耐磨等优点,如图6-9所示。

图6-9 水泥墙面漆,家用清水混凝土漆,复古灰色做旧工业风(见附图)

(3)复合涂料。

有机涂料或无机涂料都有各自的优缺点和使用局限,复合涂料可以将两类涂料的优点结合起来,克服两者的缺点。复合涂料主要有两种复合形式,一种是有机涂料和无机涂料在品种上的复合,另一种则是有机涂料和无机涂料在涂层的复合装饰。

品种上的复合是指把水性有机树脂与水溶性硅酸盐等配制成混合液或分散液,例如水玻璃涂料和苯丙-硅溶胶涂料的混合,或者是在无机物的表面上使用有机聚合物制成悬浮液。有机涂料和无机涂料在涂层的复合装饰是指在墙面上先涂覆一层有机涂料的底层,然后再涂覆一层无机涂料,利用两层涂膜的收缩程度不同,让表面一层无机涂料涂层形成随机分布的裂纹纹理,以达到装饰效果,如图 6-10 和图 6-11 所示。

图 6-10　水溶性硅藻泥涂刷装饰效果(见附图)

图 6-11　硅藻泥涂刷艺术造型(见附图)

2. 按照使用功能分类

装饰涂料按照使用功能可分为保温涂料、防水涂料、防火涂料、防霉涂料、防结露涂料和闪光涂料等。

3. 按照使用部位分类

装饰涂料按照使用部位可分为内墙涂料、外墙涂料、地面涂料、屋顶涂料等,如图 6-12～图 6-15 所示。

图 6-12　外墙仿大理石漆装饰效果(见附图)

图 6-13　外墙真石漆(见附图)

4. 按照涂层分类

装饰涂料按照涂层可分为薄涂层涂料、平涂涂料、原质涂层涂料、沙状涂层涂料、仿石涂料等。

5. 按照状态分类

装饰涂料按照状态可分为溶剂型涂料、水溶性涂料、乳液型涂料和粉末涂料等。

三、学习任务小结

通过本次任务的学习,同学们已经初步了解了装饰涂料的概念、用途和分类的基本知识,对装饰涂料有

图 6-14　内墙艺术涂料（见附图）　　　　　　　　图 6-15　外墙艺术涂料（见附图）

了全面的认识。在室内装饰工程中，装饰涂料的应用是非常广泛的。同学们课后还要通过学习和社会实践，进一步了解装饰涂料的施工流程和工艺。

四、课后作业

（1）每位同学收集和整理装饰涂料的产品信息。

（2）以组为单位对组员收集的资料进行整理与汇总，并制作成 PPT 进行演讲展示。

学习任务二　涂料工程施工工具

教学目标

（1）专业能力：学习涂料工程施工工具的基本知识，让学生对涂料工程施工工具有一定的认识，并掌握各种涂料工程施工工具的特点和操作方法。

（2）社会能力：掌握各种涂料工程施工工具的操作方法，为以后的现场施工工作、监理工作打下扎实的基础。多参观和走访建筑装饰市场和装饰施工现场，了解市场最新的材料信息和施工工艺。

（3）方法能力：学以致用，加强实践，通过不断学习和实践操作训练，掌握各种涂料工程施工工具的使用方法。

学习目标

（1）知识目标：通过本次学习任务的学习，能够理解和掌握涂料工程施工工具的使用方法。

（2）技能目标：通过本次学习任务的学习，能够掌握涂料工程施工工具的特点、操作方法和适用范围。

（3）素质目标：理论与实操相结合，自主学习、细致观察，开阔学生的视野，扩大学生的认知领域，提升专业兴趣。提高各种涂料工程施工工具的实践操作能力。

教学建议

1. 教师活动

（1）教师前期收集各种涂料工程施工工具的实物、图片、视频等资料，运用多媒体课件、教学视频等多种教学手段，启发和引导学生学习。培养学生对于本课程的学习兴趣，锻炼学生的自我学习能力，提高学生对涂料工程施工工具的认识。

（2）遵循教师为主导，学生为主体的原则，将多种教学方法有机结合，激发学生的积极性。深入浅出地进行知识点讲授和涂料工程施工工具操作训练。

2. 学生活动

（1）学生在课堂认真听课、看课件、看视频，分组进行讨论和实操，并与教师良性互动；学会总结、做笔记、写步骤、举一反三。

（2）细致观察、学以致用，进行小组间的交流和讨论，提高对涂料工程施工工具的认识。

一、学习问题导入

目前市面上常见的涂料工程施工工具主要分为两大类,即手工工具和电动工具。不管是手工工具还是电动工具都可用于墙面水性涂料类涂饰和油漆类涂饰。在涂料施工过程中,必须根据涂料品种和施工对象特点,合理选用涂料施工工具,保证涂料工程施工质量。

二、学习任务讲解

(一)涂刷工具

涂刷工具是使涂料均匀牢固地附着在物体表面形成薄而均匀涂层的工具。

刷按形状分为扁形刷、圆形刷、歪柄刷,如表 6-2 和图 6-16～图 6-18 所示。其按制作材料分为硬毛刷(用猪鬃、马尾和人发制作而成)和软毛刷(用羊毛、狼毫等制成)。目前市场上较为常用的漆刷规格为 1 寸(25 mm)、2 寸(50 mm)、3 寸(75 mm)、4 寸(100 mm)、5 寸(125 mm),通常使用最多的是 3 寸、4 寸的油漆刷。

表 6-2　漆刷形状、制作工艺、刷毛及适用范围汇总表

形　状	制　作　工　艺	刷　毛	适　用　范　围
扁形刷	用木柄、刷毛、长方筒状薄铁卡箍制作	猪鬃	最常用,涂刷油性漆等
圆形刷	用圆形木柄、圆形刷毛、薄铁卡箍制作	猪鬃	涂刷颇为复杂的地方等
歪柄刷	用歪木刷、刷毛、薄铁卡箍制作	猪鬃或羊毛	涂刷不易刷涂的地方等

图 6-16　扁形刷

图 6-17　圆形刷

图 6-18　歪柄刷

(1)油漆板刷。

涂刷底漆、调和漆应选用扁形刷或歪柄刷;涂刷清漆应选用刷毛较薄、弹性较好的油漆刷;鬃毛刷的弹性与强度好,常用于涂刷黏度较大的油漆。油漆板刷和扁形、圆形油漆笔刷分别如图 6-19 和图 6-20 所示。

(2)排笔刷。

排笔刷是由多支单管羊毛笔拼合而成的油漆刷,常为 4～12 管,多用于刷硝基清漆、丙烯酸清漆和黏度较小的涂料,如图 6-21 所示。

(3)毛笔。

毛笔主要用于精细的油漆补色和绘写油漆图案,有大楷、中楷、小楷之分,如图 6-22 所示。

(4)油画笔。

油画笔笔杆较长,用白猪鬃或狼毫制作,笔锋方正,如图 6-23 所示。

(5)底纹笔。

底纹笔也称板刷,用白猪鬃或狼毫制作,常用于大面积底漆涂刷,如图 6-24 所示。

油漆刷的种类、制作工艺、适用范围和常见规格如表 6-3 和图 6-25 所示。

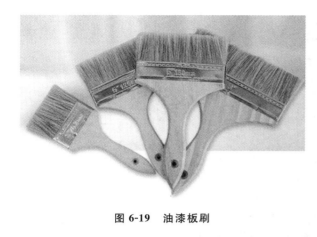

图 6-19　油漆板刷

图 6-20　扁形、圆形油漆笔刷

图 6-21　排笔刷

图 6-22　毛笔

图 6-23　油画笔

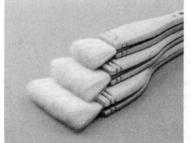

图 6-24　底纹笔

表 6-3　油漆刷的种类、制作工艺和适用范围汇总表

种　类	制作工艺	刷　毛	适用范围
板刷	用薄板刷柄、刷毛、薄铁卡箍制作	猪鬃或羊毛	涂刷质量要求高的地方
扁形、圆形笔刷	用木质笔杆、刷毛、薄铁卡箍制作	猪鬃或羊毛	描绘线条、图案
排笔刷	用多支单管羊毛笔拼合而成，一般为4～12管	羊毛	刷涂清漆和黏度较小的乳胶漆
油画笔	笔杆多为木制，笔头形状分圆头、平头、扇形、排笔等，按大小分为12种型号	猪鬃、狼毫、化纤	刷涂清漆和黏度较小的乳胶漆，补色、绘画、书写
毛笔	毛笔是用兽毛扎成笔头，再黏结在管状的笔杆上	羊毛或狼毫	补色、绘画、书写
底纹笔	是由羊毛被两木片相夹构成，中间由胶填充	猪鬃或狼毫	铺设大面积底色、装裱等

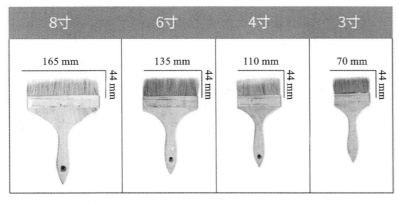

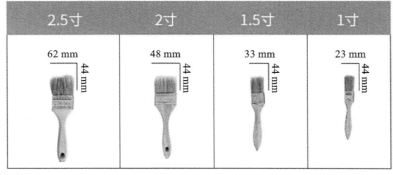

图 6-25　市面常见的漆刷规格

（二）嵌批工具

1. 油漆涂料刀具的种类

油漆涂料刀具又称油灰刀。嵌批的主要作用为嵌、补、批和刮腻子。常用油漆涂料刀具有铲刀、钢皮刮刀、橡皮刮刀、抹灰刀等，如表 6-4 和图 6-26～图 6-30 所示。

表 6-4　油漆涂料刀种类、制作工艺、规格和适用范围汇总表

种　类	制作工艺、规格	适 用 范 围
铲刀	用钢材制作，规格为 1 寸、2 寸、3 寸、4 寸、5 寸等	清理灰尘，调配、填嵌腻子，铲硬疙瘩等
钢皮刮刀	也称钢皮批板，用钢材制作，上口木板夹紧便于手持，下口平整	批刮大面积平面物体腻子和抹灰面等
橡皮刮刀	又称橡皮刮板，柔软有弹性	批刮圆弧形或金属表面腻子等
抹灰刀	用钢材制作，型号、规格各异	批刮大面积平面物体腻子和抹灰面等

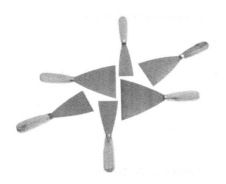

图 6-26　铲刀

图 6-27　油灰抹泥刀

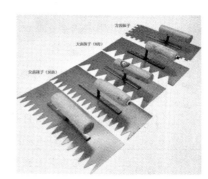

图 6-28　带齿抹刀

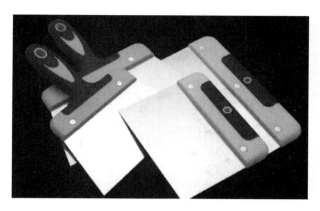

图 6-29　钢皮刮刀

图 6-30　橡皮刮刀

2. 油漆涂料刀具的保养

（1）使用时切忌碰钉子、石头等硬物，以免损伤刀刃。

（2）各类油漆涂料刀具使用后及时擦洗、抹干，防止生锈。

（三）滚涂工具

1. 滚涂工具的种类

常用滚涂工具有毛绒滚筒和橡皮滚筒。毛绒滚筒用人造绒毛等易吸附材料、空心棍、弯曲圆形支架和手柄制作而成。规格有 6 寸、8 寸、10 寸等，如图 6-31 和图 6-32 所示。

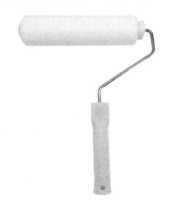

图 6-31　毛绒滚筒

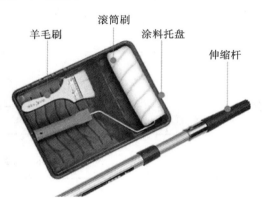

羊毛刷　　滚筒刷　　涂料托盘　　伸缩杆

图 6-32　长柄毛绒滚筒

2. 滚涂工具的保养

滚涂工具用完后必须用清水清洗干净，放置于清洁、干燥、通风的地方，让滚筒水分晾干，绒毛疏松挺直，避免残留油漆的腐蚀和发霉。

（四）喷涂工具

喷涂工具主要有斗式喷枪、喷漆枪、喷涂枪、空气压缩机（气泵）等。根据工作面大小，选用不同规格的空气压缩机，常用的有 1P、1.5P、2P、3P 等小型空气压缩机。气动喷枪与空气压缩机配套使用，压缩空气将涂料从喷枪中喷出，变成雾状颗粒涂饰物体表面，具有快速、均匀的特点，适用于大面积涂刷施工，如图6-33～图 6-35 所示。

（五）砂纸、砂布

砂纸、砂布是涂刷施工中磨光和除锈工序中常用的工具，被涂饰的物体表面必须经过打磨后才能进行下道工序。

图 6-33　小型空气压缩机

图 6-34　喷枪 1
（上壶带油水分离）

图 6-35　喷枪 2
（下壶带气压表）

砂纸根据不同的研磨物质，分为铁砂纸（包括金刚砂纸、人造金刚砂纸、玻璃砂纸等）、干磨砂纸（又称木砂纸，用于磨光木、竹器表面）和耐水砂纸（用于在水中或油中磨光金属表面）。砂布常用于金属表面除锈，以磨料的粒度划分为木砂纸和水砂纸，木砂纸代号数字越大磨粒越粗，水砂纸则相反，代号数字越大磨粒越细。木砂纸、砂布规格和适用范围如表 6-5 所示，水砂纸规格和适用范围如表 6-6 所示，水砂纸及弹性海绵砂块如图 6-36～图 6-38 所示。

表 6-5　木砂纸、砂布规格和适用范围

种　类	规格（部分常用）					适 用 范 围
木砂纸	代号	2	0	1.5	1	2	多用于木制品表面磨光
	粒度/目	160	140	120	100	60	
砂布	代号	4/0	2/0	0	2	4	多用于金属表面除锈，清除旧漆，打磨腻子底层、底漆等
	粒度/目	200	160	140	60	30	

表 6-6　水砂纸规格和适用范围

种　类	规格（部分常用）以 230 mm×280 mm 为例					适 用 范 围
水砂纸	60 目	80 目	100 目	120 目	80～220 目	粗砂系列，一般给硬、粗、糙物体打磨，适用于金属、木材、墙壁、石材等打磨
	150 目	180 目	220 目	240 目	240～600 目	常用于二次打磨，对要求不高的可以直接打磨成型，适用墙壁、家具、印章等打磨
	320 目	400 目	500 目	600 目	800～1500 目	精细系列，适用于红木家具、金属、琥珀蜜蜡、玉石、黄金等打磨
	800 目	1000 目	1200 目	1500 目	2000 目以上	精细抛光，适用于琥珀蜜蜡、金属、美甲、镜面抛光等打磨
	2000 目	3000 目	5000 目	7000 目		

（六）其他辅助材料与工具

其他辅助材料与工具包括美纹纸、钢皮、直尺、漏斗、卷尺、画线刷、梯子等。

图 6-36 水砂纸（240 目）

图 6-37 水砂纸（2000 目）

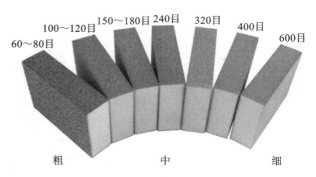

图 6-38 弹性海绵砂块

三、学习任务小结

通过本次任务的学习，同学们已经初步了解了涂料工程施工工具的基本知识，对各种涂刷工具有了一定的认识。根据涂料的品种、特性和施工的对象合理选用各种涂料工具是确保涂料工程施工质量、提高工作效率、节约成本和资金、按期圆满完成任务的保证。同学们课后还要通过学习和社会实践，了解每一种涂刷施工工具的特点和操作方法，并到施工工艺实训室进行涂料工程施工实训，熟练掌握涂料工程涂刷工具的使用方法和技巧。

四、课后作业

（1）每位同学收集和整理有关涂料工程施工工具的资料，每个类别各选择 2～3 种进行细分，总量不少于 4 种类别。

（2）以组为单位对组员收集的资料进行整理与汇总，并制作成 PPT 进行演讲展示。

学习任务三 室内墙面涂料施工工艺

教学目标

（1）专业能力：了解室内墙面涂料施工工艺的施工准备工作、施工步骤和工艺要求，以及应该注意的施工质量问题和成品保护、质量验收标准、方法等知识点，让学生对室内墙面涂料施工工艺有一定的理解，并能结合不同的施工工艺进行灵活运用。

（2）社会能力：材料整理和汇总能力，材料应用于实践能力。

（3）方法能力：资料收集能力、实践操作能力。

学习目标

（1）知识目标：通过本次学习任务的学习，掌握室内墙面涂料施工工艺的基本知识。

（2）技能目标：通过本次学习任务的学习，能够厘清和掌握各种室内墙面涂料施工工艺的施工准备工作、施工步骤和工艺要求，以及应注意的施工质量问题和成品保护、质量验收标准和方法。

（3）素质目标：理论与实操相结合，自主学习、细致观察、亲身体验。

教学建议

1. 教师活动

（1）教师前期收集各种室内墙面油漆施工工艺的图片、视频等，运用多媒体课件、教学视频等多种教学手段，启发和引导学生的学习和实训，培养学生的动手能力。

（2）将多种教学方法有机结合，引导课堂师生问答，互动分析知识点，激发学生的积极性，使其变被动学习为主动学习。

（3）教师组织学生分组学习和讨论，引导课堂小组讨论，并组织各小组完成学习成果的自评、互评。

2. 学生活动

（1）学生在课堂认真听课、看课件、看视频，在实训室分组进行施工工艺实训，并学会总结与归纳。

（2）理论联系实践，学以致用，理实一体化。

一、学习问题导入

各位同学,大家好,今天我们一起来学习室内墙面涂料施工工艺。人的一生,绝大部分时间都是在室内度过的,因此,人们设计创造的室内环境,必然会直接关系到室内生活的质量,以及人们的安全、健康。在现代室内装饰装修的设计和施工过程中,水溶性内墙乳胶漆是应用最多的装饰涂料之一。

水溶性乳胶漆涂料涂饰后溶剂挥发而成膜,涂膜透气性好,细腻而坚硬,结构致密,具有各种色彩、纹理、图案、光泽和质感,有一定的耐水性、耐候性和耐酸碱性,不污染环境,施工简单。相关涂饰如图6-39~图6-41所示。

 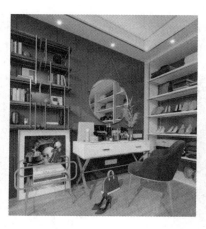 

图6-39　玄关涂饰(见附图)　　　图6-40　化妆间涂饰(见附图)　　　图6-41　主卧室涂饰(见附图)

二、学习任务讲解

(一)室内墙面涂料施工前材料准备

(1)根据设计要求选定乳胶漆的品种、颜色,根据现场测量的涂饰面积和材料损耗确定乳胶漆所需数量。

(2)要求所选乳胶漆供应商提供的材料必须符合《民用建筑工程室内环境污染控制标准》中的要求,并提供相关部门出具的有关有害物质限量等级检测报告书。

(3)准备涂饰辅佐的骨料,如建筑石膏粉、大白粉、滑石粉、胶黏剂、纤维素等材料。

(4)选择合适的施工工具,如羊毛滚筒、海绵滚筒、空气压缩机、喷枪、漆刷等。

(二)室内墙面涂料施工步骤(以一底两面为例)

施工操作步骤:基层处理→修补腻子、局部刮腻子→磨平→刮腻子→涂刷第一遍乳胶漆涂料→复补腻子、打磨、磨光→涂刷第二遍乳胶漆涂料→涂刷第三遍乳胶漆涂料。

(1)基层处理:首先将墙面基层上起皮、松动、鼓包的地方清除凿平,将残留在基层表面上的灰尘、污垢、溅沫和砂浆流痕等杂物清除扫净。

(2)修补腻子、局部刮腻子:用水石膏将墙面基层上磕碰的坑凹、缝隙等处填补均匀、找平,如图6-42和图6-43所示。

(3)磨平:等腻子干燥后用细砂纸将凸出处磨平,并将浮尘等清扫干净,如图6-44和图6-45所示。

(4)刮腻子:根据基层或墙面的平整度不同和设计、验收等级要求的不同,所选择的材料和刮腻子的遍数也各不相同。腻子的配合比为重量比,有两种:一是适用于室内的腻子,其配合比为聚醋酸乙烯乳液(即白乳胶):滑石粉或大白粉=1:5;二是适用于外墙、厨房、厕所、浴室的腻子,其配合比为聚醋酸乙烯乳液:水泥:水=1:5:1。

具体操作方法为:第一遍用嵌批刮刀工具横向涂刮,一刮板接着一刮板,每刮一刮板最后收口时,要注

图 6-42　基层处理、局部刮腻子（见附图）

图 6-43　刮腻子（见附图）

图 6-44　传统人工打磨（见附图）

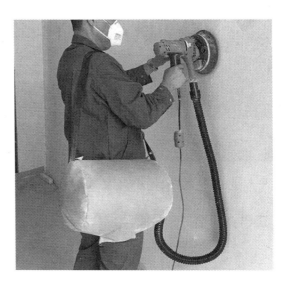

图 6-45　新型机械环保打磨（见附图）

意干净利落。干燥后用 1 号砂纸磨平，将浮腻子及斑迹磨平磨光，再将墙面清扫干净。第二遍用胶皮刮板竖向涂刮，所用材料和方法与刮第一遍腻子相同，干燥后用 1 号砂纸磨平，并清扫干净。第三遍用胶皮刮板找补腻子，用钢片刮板满刮腻子，将墙面等基层刮平刮光，干燥后用细砂纸磨平磨光，注意不要漏磨或将腻子磨穿。

（5）涂刷第一遍乳胶漆涂料（底漆）：涂刷时采用横、纵向交叉施工，常用的"横三竖四"手法，先左后右、先上后下、先边后面的顺序涂刷施工。乳胶漆一般用排笔涂刷，使用新排笔时，注意将多余的排笔杂毛去掉。乳液薄涂料使用前应搅拌均匀，适当加水稀释，防止头遍涂料因过稠涂不开，涂刷不匀，涂刷时衔接处要紧密，每一个单元要一次性刷完。

（6）复补腻子、打磨、磨光：待涂刷第一遍乳胶漆涂料的基层完全干透后，对墙面上小疙瘩、坑洼、刮痕、排笔残留杂毛等用腻子找平、刮平，用细砂纸磨掉，磨光后清扫干净。

（7）涂刷第二遍乳胶漆涂料（面漆）：操作要求与第一遍相同，使用前要充分搅拌，注意乳胶漆的黏稠度，适当加水。选择合适的涂刷工具，如排笔、毛绒滚筒、喷枪等，直接将乳胶漆涂饰在基面上。

（8）涂刷第三遍乳胶漆涂料：参考涂刷第二遍乳胶漆的要领。由于是第二层面漆，也是最后一层，需要更加细心，边涂边观察，有无流挂、露底和笔毛残留，以及衔接处不严密等问题，查缺补漏，及时修补，保持涂刷面清洁。

（三）室内墙面涂料施工操作工艺要求

1. 刷涂

涂刷方向、距离应该保持一致，接槎应在分格缝处。如果所用涂料干燥较快，应缩短涂刷距离。刷涂一般不少于两道,应在前一道涂料表面干燥后再刷下一道涂料,两道涂料的间隔时间一般为 2~4 小时。

2. 喷涂

(1)清洗喷枪和喷壶,尤其是喷嘴,避免出现曾用过的乳胶漆残留混色。

(2)大面积喷涂前先要试喷,喷涂施工应根据涂料的稠度、最大粒径等具体情况,选择喷涂机具的种类、喷嘴口径、喷涂压力和与基层之间的距离。同时,还要调试好喷嘴和空气压缩机的压力大小,以将涂料喷成雾状为佳。喷枪要与基面保持垂直状态,距离 50 cm 左右,以喷涂后不流挂为标准。

(3)一般要求喷枪运行时,喷嘴中心线必须与墙面垂直,喷枪与墙面有规则地平行移动,运行速度应保持一致。涂层的接槎应留在分格缝处。门窗以及不喷涂料的部位,要做好遮挡保护。喷涂操作一般应连续进行,一次成活,如图 6-46 所示。

图 6-46　喷枪涂刷(见附图)

3. 滚涂

(1)要根据乳胶漆的黏度和表面张力评判是否适合滚涂施工,同时,还要根据涂料的品种、要求的花饰确定辊子的种类。要求乳胶漆具有较好的流平性能,防止拉毛现象。

(2)检查乳胶漆的填充料比例是否合适。胶黏度过高,容易出现皱纹。具体施工时要用力均匀,速度一致,不要让滚筒中的涂料挤出用完才蘸料,要保持滚筒内始终保持一定量的涂料。

(3)滚涂要一气呵成,在涂刷墙面上上下垂直来回滚动,应避免扭曲蛇行,要衔接紧密,才能保证涂刷的均匀和完整,如图 6-47 所示。

图 6-47　滚筒涂刷(见附图)

4. 弹涂

先在基层刷涂 1~2 道底色涂层,待其干燥后进行弹涂。弹涂时,弹涂器的机口应垂直对正墙面,距离保持 30~50 cm,按一定速度自上而下、由左向右弹涂。选用压花型弹涂时,应适时将彩点压平。

(四)室内墙面涂料施工应注意的质量问题

(1)混凝土和抹灰表面施涂水性涂料时,基体或基层的含水率不得大于 10%。

(2)涂料工程使用的腻子,应坚实牢固,不得粉化、起皮和裂纹。外墙、厨房、浴室及厕所等需要使用涂料的部位,应使用具有耐水性能的腻子。

（3）透底:产生的主要原因是漆膜薄,因此刷涂料时除应注意不漏刷外,还应保持涂料的稠度,不可加水过多。

（4）接槎明显:涂刷时要上下顺刷,后一排笔紧接前一笔,若间隔时间太长,就容易看出接头,因此大面积施涂时,应配足人员,互相衔接好。

（5）刷纹明显:乳液薄涂料的稠度要适中,排笔蘸涂料量要适当,涂刷时要用力均匀,防止刷纹过大。

（6）分色线不齐:施工前应认真按标高找好并弹划好粉线,刷分色线时要挑选技术好、有经验的油工来操作,例如要会使用直尺,刷时用力均匀,起落要轻,排笔蘸量要适当,脚手架要通长搭设,从前向后刷等。

（7）涂刷带颜色的涂料时,配料要适当,保证每间或每个独立面和每遍都用同一批涂料,应一次刷完,确保颜色一致。

室内墙面涂料施工时常见的质量问题如图6-48～图6-53所示。

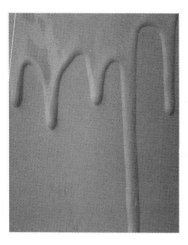

图6-48　常见问题1:流挂(见附图)

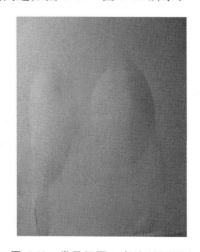

图6-49　常见问题2:起泡(见附图)

图6-50　常见问题3:泛碱,发霉(见附图)

图6-51　常见问题4:咬底(见附图)

图6-52　常见问题5:龟裂(见附图)

图6-53　常见问题6:砂纸痕(见附图)

（五）室内墙面涂料施工的成品保护

（1）涂刷前应首先清理好周围环境,防止尘土飞扬,影响涂料质量。

（2）涂刷墙面涂料时,不得污染地面、插座、开关、踢脚线、阳台、窗台、门窗及玻璃等已完成的分部分项工程,在涂刷前先做好防护措施。

（3）每一遍涂刷完,室内空气要流通,预防漆膜干燥后表面无光或光泽不足。

（4）涂料干燥前,一律不准从内往外清倒垃圾,不打扫室内地面,严防灰尘、雨淋、热空气等污染饰面涂料,如一旦发生,应及时进行处理。

（5）涂料墙面完工后要妥善保护,不得磕碰和污染墙面。

（6）施涂工具使用完毕后,应及时清洗或浸泡在相应的溶剂中,以确保下次继续使用。

（六）室内墙面涂料施工质量验收标准和方法

涂料工程应待涂层完全干燥后,方可进行验收。

（1）涂料涂饰工程主控项目质量检验标准和方法如表 6-7 所示。

表 6-7　涂料涂饰工程主控项目质量检验标准和方法

项　　次	质 量 要 求	检 验 方 法
1	涂料涂饰工程所用涂料的品种、型号和性能应符合设计要求	检查产品合格证书、性能检测报告和进场验收记录
2	涂料涂饰工程的颜色、图案应符合设计要求	观察
3	涂料涂饰工程应涂饰均匀、黏结牢固,不得漏涂、透底、起皮和掉粉	观察;手摸检查
4	涂料涂饰工程的基层处理应符合相关标准的要求	观察;手摸检查;检查施工记录
5	涂层与其他装修材料和设备衔接处吻合,界面应清晰	观察

（2）涂料涂饰工程一般项目薄涂料质量检验标准和方法如表 6-8 所示。

表 6-8　涂料涂饰工程一般项目薄涂料质量检验标准和方法

项　　次	项　　目	普通薄涂料	中级薄涂料	高级薄涂料	检验方法
1	颜色、刷纹	颜色一致	颜色一致,允许有少量沙眼、刷纹通顺	颜色一致,无沙眼,无刷纹	观察
2	掉粉、起皮	不允许	不允许	不允许	观察
3	泛碱、咬色	允许少量	允许轻微少量	不允许	
4	流坠、疙瘩	允许少量	允许轻微少量	不允许	
5	砂眼、刷纹	允许少量轻微砂眼,刷纹通顺	允许少量轻微砂眼,刷纹通顺	无砂眼,无刷纹	
6	装饰线、分色线直线度允许偏差	偏差不大于 3 mm	偏差不大于 2 mm	偏差不大于 1 mm	拉 5 m 线,不足 5 m 拉通线,用钢直尺检查
7	门窗、灯具等	洁净	洁净	洁净	观察

（3）涂料涂饰工程一般项目厚涂料质量检验标准和方法如表 6-9 所示。

表 6-9　涂料涂饰工程一般项目厚涂料的涂饰质量和检验方法

项　　次	项　　目	普通厚涂料	中级厚涂料	高级厚涂料	检验方法
1	颜色	颜色一致	疏密均匀	颜色一致疏密均匀	观察
2	泛碱、咬色	允许少量	允许少量轻微	不允许	
3	点状分布	颜色一致	疏密均匀	疏密均匀	
4	漏涂、透底、起皮	不允许	不允许	不允许	
5	门窗、灯具等	洁净	洁净	洁净	

（4）涂料涂饰工程一般项目复层涂料质量检验标准和方法如表 6-10 所示。

表 6-10 涂料涂饰工程一般项目复层涂料质量检验标准和方法

项　　次	项　　目	质量要求	检验方法
1	漏涂、透底	不允许	观察
2	掉粉、起皮	不允许	
3	泛碱、咬色	允许轻微	
4	喷点疏密程度	疏密均匀,不允许有连片现象	
5	颜色	颜色一致,疏密均匀	
6	门窗、玻璃、灯具等	洁净	

（5）涂料涂饰工程混色涂料质量检验标准和方法如表 6-11 所示。

表 6-11 涂料涂饰工程混色涂料质量检验标准和方法

项　　次	项　　目	普通涂料	中级涂料	高级涂料	检验方法
1	漏刷、脱皮	不允许	不允许	不允许	观察
2	透底、流坠	大面积不允许	明显处不允许	不允许	观察
3	光亮、光滑	均匀一致	均匀一致	光亮足、光滑,无挡手感	观察、手摸
4	颜色、刷纹	颜色一致	颜色一致,刷纹通顺	颜色一致,无刷纹	观察
5	分色裹棱	大面积不允许,小面积偏差不大于3 mm	大面积不允许,小面积偏差不大于2 mm	不允许	
6	装饰线、分色线直线度允许偏差	偏差不大于3 mm	偏差不大于2 mm	偏差不大于1 mm	拉5 m线,不足5 m拉通线,用钢直尺检查
7	门窗、五金、玻璃、灯具等	洁净	洁净	洁净	观察

三、学习任务小结

通过本次任务的学习,同学们已经初步了解了室内墙面涂料施工工艺的施工准备工作、施工步骤和施工工艺要求,同时,了解了室内墙面涂料施工应注意的施工质量问题和成品保护方法,以及质量验收标准和方法。课后,同学们要在老师的带领下走访室内装饰工程的施工现场,亲身观察和参与室内墙面涂料施工的全过程,让理论知识与实践应用紧密结合起来。

四、课后作业

（1）每位同学制作 10 页室内墙面涂料施工工艺 PPT 文档。

（2）参观室内装饰工程的施工现场 1 次,参观完毕后撰写心得体会 1 篇,字数不少于 800 字。

室内装饰材料与施工工艺

学习任务四　室内艺术涂料施工工艺

教学目标

（1）专业能力：学习室内艺术涂料施工工艺的基本知识，了解室内艺术涂料的优缺点，掌握套色花饰涂饰、滚花涂饰、仿木纹涂饰、仿石纹涂饰等多种艺术涂饰的施工流程和工艺，以及艺术涂料涂饰成品保护和质量验收标准、检验方法。

（2）社会能力：通过对室内艺术涂料施工工艺的学习，能为以后的现场施工组织工作和监理工作打下扎实的基础。

（3）方法能力：资料收集能力、实践操作能力。

学习目标

（1）知识目标：通过本次学习任务的学习，能够理解和掌握室内艺术涂料施工工艺的基本知识。

（2）技能目标：通过本次学习任务的学习，掌握套色花饰涂饰、滚花涂饰、仿木纹涂饰、仿石纹涂饰等多种室内艺术涂饰的施工流程和工艺，以及艺术涂料涂饰成品保护和质量验收标准、检验方法。

（3）素质目标：理论与实操相结合，自主学习、细致观察、亲身体验。

教学建议

1. 教师活动

（1）教师前期收集室内艺术涂料及施工流程和工艺的实物、图片、视频等，用思维导图的方式使学生加深对关键内容的理解，引导学生对室内艺术涂料施工流程和工艺进行分析和探讨。

（2）遵循教师为主导，学生为主体的原则，将多种教学方法有机结合，激发学生的积极性，使其变被动学习为主动学习。

（3）引导课堂师生问答，互动分析知识点，引导课堂小组讨论。

2. 学生活动

（1）学生根据学习任务进行课堂理论学习和实操练习，老师巡回指导。

（2）认真观察与分析，保持热情，学以致用，加强实践与总结。

一、学习问题导入

各位同学,大家好,今天我们一起来学习室内艺术涂料的施工工艺。艺术涂料以其多样化的纹理和图案,展现出独特的艺术感,丰富了室内墙面的装饰效果,赋予了墙面涂料更多的个性化选择。艺术涂料有着极强的艺术表现力,可以做出肌理状的纹理以及凹凸起伏的立体效果,还可以根据空间功能的不同需求灵活定制,让空间的表现力更加丰富,如图 6-54 所示。

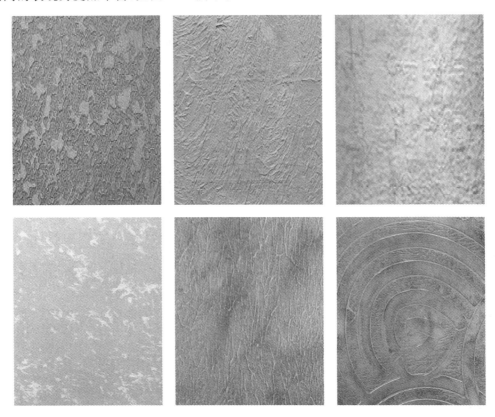

图 6-54 艺术涂料纹理(见附图)

艺术涂料集环保性能与艺术表现力于一身,取自天然的石灰基、树脂基等自然的材料精心锻制而成,这些取自大自然的材料具有无毒、环保、防霉、防潮的特点,如图 6-55 所示。

图 6-55 艺术涂料集环保性能与艺术表现力于一身(见附图)

艺术涂料色彩丰富,纹理立体感强,弥补了传统乳胶漆平面、单色的缺陷,装饰出来的图案层次丰富,光泽度强,在不同的角度还会产生出不同的立体效果。在自然光和灯光的照射下呈现出不同的色彩变化,展现出独特的艺术魅力,如图 6-56 所示。

图 6-56　艺术涂料色彩丰富(见附图)

　　艺术涂料一般较厚实,施工时可以做到无缝连接,涂膜不会脱落起皮,克服了墙纸有接缝、易翘边、鼓泡、开裂、不防霉防潮等缺点。同时,艺术涂料的施工工艺比普通的墙面漆施工更考究,使其使用寿命比普通墙面漆更长。艺术涂料的高密度让其防水性能更好,可保持多年不变色,如图 6-57 所示。

图 6-57　艺术涂料的持久性好(见附图)

二、学习任务讲解

(一)室内艺术涂料施工工艺要求

常见的室内艺术涂料施工工艺有套色花饰涂饰、滚花涂饰、仿木纹涂饰和仿石纹涂饰。

1. 套色花饰涂饰施工

(1)套色花饰涂饰施工工艺流程。

清理基层→弹水平线→刷底油(清油)→刮腻子→砂纸磨光→刮腻子→砂纸磨光→弹分色线→涂饰调和漆→漏花→划线。

(2)套色花饰涂饰施工工艺。

①套色花饰涂饰施工操作时,漏花板必须注意找好垂直,每一套色为一个版面,每个版面四角均有标准孔(俗称规矩),必须对准,不应有位移,更不得将板翻用。

②漏花的配色应以墙面油漆的颜色为基准色,每一版的颜色要深浅适度,才能使漏花所组成的图案色调协调、柔和,并呈现立体感和真实感。

③按照适宜的喷印方法,以分色的顺序进行喷印。套色漏花时,当第一遍油漆干透后,再进行第二遍油漆涂色,以防混色。各种套色的花纹要组织严密,不能有漏喷(刷)和漏底子的现象。

④配料的稠度要适当，过稀容易流坠污染墙面；过干容易堵塞喷油嘴而影响套色、漏花的质量。

⑤漏花板每漏3～5次就应用干燥而洁净的布抹去背面和正面的油漆及时清洁，以防污染墙面。

套色花饰涂饰施工完成效果如图6-58所示。

图6-58　套色花饰涂饰施工完成效果（见附图）

2．滚花涂饰施工

（1）滚花涂饰施工工艺流程。

基层清理→涂饰底漆→弹线→滚花→划线。

（2）滚花涂饰施工工艺。

①按照设计要求的花纹图案，在橡胶或软塑料的滚筒上刻制成模子。

②施工操作时，应在面层油漆表面弹出垂直粉线，然后沿粉线自上而下进行。滚筒的轴必须垂直于粉线，不得歪斜。

③花纹图案应均匀一致，颜色调和符合设计要求，不显接槎。

④滚花完成后，周边应划色线或做花边方格线。

滚花涂饰纹理图案如图6-59所示。

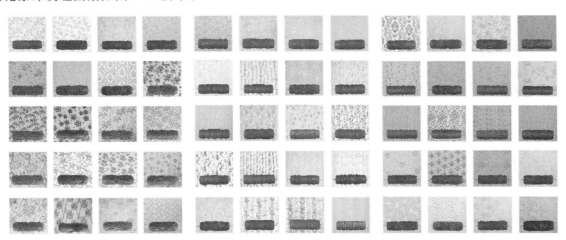

图6-59　滚花涂饰纹理图案（见附图）

3．仿木纹涂饰施工

（1）仿木纹涂饰施工工艺流程。

清理基层→弹水平线→涂刷清油→刮腻子→砂纸磨光→刮色腻子→砂纸磨光→涂饰调和漆→再涂饰调和漆→弹分格线→刷面层油→做木纹→用干刷轻扫→划分格线→涂饰清漆。

（2）仿木纹涂饰施工工艺。

①应在第一遍涂料表面进行。

②涂饰前要测量室内的高度，然后根据室内的净高确定仿木纹墙裙的高度，仿木纹墙裙一般为室内净高的1/3左右，但不应高于1.30 m，不低于0.80 m。

③待仿纹理施工工艺完成后，表面应涂饰罩面清漆。

仿木纹涂饰纹理图案如图6-60所示。

图 6-60　仿木纹涂饰纹理图案(见附图)

4．仿石纹涂饰施工

（1）仿石纹涂饰施工工艺流程。

清理基层→涂刷底油→刮腻子→砂纸磨光→刮腻子→涂饰二遍调和漆→喷涂三遍色→划色线→涂饰清漆。

（2）仿石纹涂饰施工工艺。

①应在第一遍涂料表面进行。

②待底层所涂清油干透后,刮两遍腻子,磨两遍砂纸,拭掉浮粉,再涂饰两遍色调和漆,采用的颜色以浅黄、灰色或绿色为好。

③色调和漆干透后,将用温水浸泡的丝棉拧去水分,再甩干,使之松散,以小钉子挂在油漆好的墙面上,用手整理丝棉成斜纹状,如石纹一般。连续喷涂三遍色,喷涂的顺序是先喷浅色,再喷深色,最后喷白色。

④油色喷涂完成后,须停 10～20 分钟即可取下丝棉,待喷涂的石纹干燥后再进行划线,等线干燥后再刷一遍清漆。仿石纹涂饰纹理图案如图 6-61 所示。

图 6-61　仿石纹涂饰纹理图案(见附图)

（二）艺术涂料涂饰成品保护

（1）每遍油漆前,都应将地面、窗台清扫干净,防止尘土飞扬,影响油漆质量。

（2）每遍油漆后，都应将门窗扇用栓钩勾住，防止门窗扇、框油漆黏结，破坏漆膜，造成修补及操作困难，或风吹门窗扇撞击门框造成门窗扇或玻璃损坏。

（3）刷油后应将滴在地面或窗台上及污染在墙上的油点清刷干净。

（4）油漆完成后，应派专人负责看管。

（三）艺术涂料涂饰质量验收标准及检验方法

艺术涂料涂饰工程主控项目质量检验标准和方法如表 6-12 所示。

表 6-12　艺术涂料涂饰工程主控项目质量检验标准和方法

项　次	质量要求	检验方法
1	艺术涂饰所用材料的品种、型号和性能应符合设计要求	检察产品合格证书、性能检测报告和进场验收记录
2	艺术涂饰工程应涂饰均匀、黏结牢固，不得漏涂、透底、起皮、掉粉和反锈	观察
3	艺术涂饰工程的基层处理应符合本规范要求	观察
4	艺术涂饰的套色、花纹和图案应符合设计要求	观察

艺术涂料涂饰工程一般项目质量检验标准和方法如表 6-13 所示。

表 6-13　艺术涂料涂饰工程一般项目质量检验标准和方法

项　次	质量要求	检验方法
1	艺术涂饰表面应洁净； 不得有流坠、漏涂、透底、起皮、掉粉和反锈现象	观察
2	滚花、套色涂饰的图案颜色鲜明，纹理和轮廓应清晰； 不得移位，不得有漏涂、流坠等	观察
3	艺术涂饰的套色、花纹和图案应符合设计要求	观察
4	仿花纹涂饰的饰面应具有被摹仿材料的纹理	观察
5	不同颜色的线条应横平竖直，均匀一致，搭接错位不得大于 0.5 mm	观察

三、学习任务小结

通过本次任务的学习，同学们已经学习和掌握室内艺术涂料的优缺点，以及套色花饰涂饰、滚花涂饰、仿木纹涂饰、仿石纹涂饰等多种艺术涂饰的施工流程和工艺。同时，了解了艺术涂料涂饰成品保护和质量验收标准、检验方法，对装饰涂料有了全面的认识。课后要多收集相关的室内艺术涂料施工工艺资料，并到室内装饰工程施工现场体验室内艺术涂料施工流程和工艺，将理论与实践紧密结合起来。

四、课后作业

（1）每位同学收集和整理有关室内艺术涂料产品介绍的 PPT 文档 20 页。

（2）在老师的带领下到室内装饰工程施工现场体验室内艺术涂料施工流程和工艺，并撰写 800 字的体验报告。

学习任务五　室内木器涂料施工工艺

教学目标

（1）专业能力：了解室内木器涂料种类及优缺点，掌握木质表面施涂清漆涂料施工流程和工艺，以及施涂混色磁漆施工流程和工艺。

（2）社会能力：通过对室内木器涂料施工工艺的学习，能为以后的现场施工组织工作和监理工作打下扎实的基础。

（3）方法能力：资料收集能力、施工工艺应用能力、实践操作能力。

学习目标

（1）知识目标：通过本次学习任务的学习，能够了解室内木器涂料种类及优缺点。

（2）技能目标：通过本次学习任务的学习，能够掌握木质表面施涂清漆涂料施工流程和工艺，以及施涂混色磁漆施工流程和工艺。

（3）素质目标：理论与实操相结合，提升自主学习能力和动手能力。

教学建议

1. 教师活动

（1）教师运用多媒体课件、教学视频，以及现场施工教学等多种教学手段，引导学生进行理论学习和实践操作，提高学生对室内木器涂料的认知。

（2）将多种教学方法有机结合，激发学生的积极性，深入浅出地进行室内木器涂料知识点讲授和施工流程和工艺讲解。

（3）引导课堂师生问答，互动分析知识点，引导课堂小组讨论。

2. 学生活动

（1）学生根据学习任务进行课堂理论学习和实操练习，老师巡回指导。

（2）学会学习与分析，保持热情，加强实践与总结。

一、学习问题导入

《尚书·洪范》中曾提过"木曰曲直"。木既有升发、生长、伸展之性,又有柔和、屈曲之性。后来人们则引申出凡具有生长、升发、伸展、舒展、扩展、能曲、能直等特征和作用趋势的事物和现象,均归属于木。"碧玉妆成一树高,万条垂下绿丝绦""庭中有奇树,绿叶发华滋"……中国人对木质品情有独钟,由古至今,大到宫殿房屋,小至碗筷汤勺,人们使用木材来构筑生活,从狩猎工具到建筑屋舍、家具,都与木有密不可分的关系。

木头与别的材料不同之处在于它具有温度与生命,每块木头有其特有的年轮肌理和气味,让人直观地感受到纹理、质感和木香,具有聚气凝神、调整情绪的功能。天然木器漆俗称大漆,又有"国漆"之称,从漆树上采割下来的汁液用纱布滤去杂质称为生漆,附着力强、硬度大、光泽度高,具有突出的耐久、耐磨、耐水、耐腐蚀性能。天然漆膜的色彩与光泽还具有独特的装饰作用,是古代建筑、家具、木雕工艺品的理想涂饰材料。

木器漆是指用于木制品上的一类树脂漆,如聚酯漆、聚氨酯漆等,有水性和油性两种。木器漆按光泽可分为高光木器漆、半亚光木器漆和亚光木器漆;按用途可分为家具漆、地板漆等。目前市场上室内装饰用木器涂料主要有硝基漆、聚酯漆和水性木器涂料三类产品。

1. 硝基漆

硝基漆分为外用清漆、内用清漆、木器清漆及各色磁漆四类。优点是光泽较好、装饰效果美观,施工简便,干燥迅速,修补、翻新、修复容易;配比简单,手感好,对涂装环境的要求不高;具有较好的硬度和亮度,适宜喷涂涂饰。缺点是丰满度和高光泽效果较难做出,涂装成本较高,耐久性一般,保光保色性不好,使用时间稍长就容易出现诸如失光、开裂、变色等弊病;环保性相对 PU 漆、W 漆而言较差,容易变黄和老化。

2. 聚酯漆

聚酯漆优点是有溶剂,一次涂饰就可得到较厚的涂膜,色泽良好,硬度高;耐磨、耐热、耐水,保光、保色性好,丰满度好,施工效率高,涂装成本低,应用范围广。缺点是对施工环境要求高,漆膜损坏不易修复,调配漆后使用时间受限制,层间必须打磨,配比严格。

3. 水性木器涂料

水性木器涂料优点是环保性要比 NC 漆、PU 漆好,不易黄变,漆油干燥速度快和施工简单方便。缺点是施工环境要求温度不能低于 5 ℃或相对湿度低于 85%,与 PU 漆相比硬度稍差,全封闭施工工艺的造价会高于硝基漆、聚酯漆产品。

二、学习任务讲解

业内有"三分木,七分漆"之说,作为装修中的面子工程,木器油漆至关重要。

(一)木器表面施涂清漆涂料工艺

1. 适用范围
本工艺标准适用一般建筑木门窗和木材表面的中级清漆涂刷工程。

2. 施工准备
(1)材料要求。

涂料:光油、清油、脂胶清漆、酚醛清漆、铅油、调和漆、漆片。

填充料:石膏、地板黄、红土子、黑烟子、大白粉。

稀释剂:汽油、煤油、醇酸稀料、松香水、酒精。

催干剂:液体催干剂。

(2)施工工具。

油刷、开刀、牛角板、油画笔、掏子、毛笔、砂纸、破布、腻子板、钢皮刮板、橡皮刮板、小油桶、半截大桶、水桶、油、棉丝、麻丝、竹签、小色碟、铜丝、脚手板、安全带、钢丝钳子、小锤子和小扫把等。

（3）作业条件。

①一般油漆工程施工时的环境温度不低于 10 ℃，相对湿度小于 60%。冬期施工室内油漆工程，应在采暖条件下进行，室温保持均衡，同时应设专人负责测量湿度和开关门窗，以利通风和排除湿气。

②在室外或室内高于 3.6 m 处作业时，应事先搭设好脚手架，并以不妨碍操作为准。

③大面积施工前应事先做样板间，经检查鉴定合格后，方可组织班组进行大面积施工。

④木基层表面含水率一般不大于 12%。

3. 工艺流程

清理木器表面→磨砂纸打光→润色油粉→打磨砂纸→满刮第一遍油腻子，砂纸磨光→满刮第二遍腻子，细砂纸磨光→涂刷色油→刷第一遍清漆（底漆）→复补腻子、修色，细砂纸磨光→刷第二遍清漆，细砂纸磨光（底漆）→刷第三、四遍清漆（底漆），磨光→水砂纸打磨退光→刷第一、二、三遍面漆→打蜡、抛光、擦亮。

4. 主要操作工艺和施工要点

（1）基层处理、修补、打磨。

①清洁、打磨基层是木器涂刷清漆的重要工序，如图 6-62 所示。首先将木器表面基层上的灰尘、油污、斑点、污垢、胶剂等用专用除尘布清洁或者用刮刀刮除干净，注意不要刮出毛刺。

②铲去木器表面毛刺，用专用木材封闭剂修整缝隙和脂囊，如图 6-63 所示。

③用 1 号以上砂纸顺着木器的纹理进行打磨，先磨线角，后磨平面，直到光滑为止。

图 6-62　基层清洁（见附图）

图 6-63　专用木材封闭剂（见附图）

（2）润色油粉。

将大白粉和颜料加入熟桐油、松香水等混合、搅拌成糊糊状（颜色要和样板颜色一样），用棉纱团或麻丝团沾上油粉，来回反复揉擦木材表面，用它将木料的洞眼、鬃眼擦平。待润色油粉干后，用 1 号砂纸轻轻顺着木纹打磨，直到打磨光滑。磨完后用潮布将粉尘、灰尘擦拭干净。

（3）刮油腻子。

将石膏粉和颜料加入熟桐油、水等调配成油色腻子，用开刀或牛角板将腻子刮入钉孔、裂纹、鬃眼内，一定要刮干净。待腻子干透后，用 1 号砂纸轻轻顺着木纹打磨，直到打磨光滑。磨完后用潮布将粉尘、灰尘擦拭干净。根据木材基层情况，重复进行多次刮腻子、砂纸打磨工序。刮油腻子及调和后的各色油腻子如图 6-64 所示。砂纸打磨如图 6-65 所示。

（4）涂刷色油。

将铅油、调和漆、光油、清油等搅拌混合在一起（颜色要和样板颜色一样），从外到内、从左到右、从上到下，顺着木纹涂刷。要求无流坠，横平竖直，和木材色泽保持一致，每刷一个面一定要一次刷好，不留接头，以免颜色不一致，如图 6-66 所示。

（5）刷第一遍清漆（或底漆）。

①刷清漆：刷法与刷色油相同，但刷第一遍用的清漆应略加一些稀料便于快干。因清漆黏性较大，最好使用常用的旧刷子，刷时要注意不流、不坠，涂刷均匀。待清漆完全干透后，用 1 号砂纸或旧砂纸全部打磨一遍，将头遍清漆面上的光亮基本打磨掉，再用潮布将粉尘擦净。

②修补腻子：一般要求刷色油后不抹腻子，特殊情况下，可以使用油性略大的带色石膏腻子，修补残缺

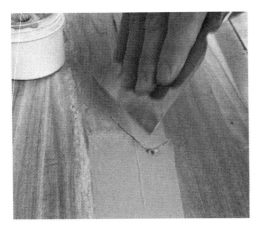

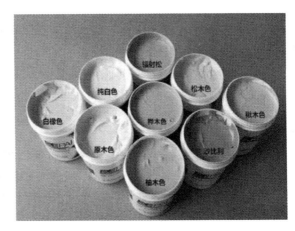

图 6-64　刮油腻子及调和后的各色油腻子（见附图）

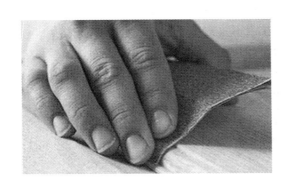

图 6-65　砂纸打磨（见附图）

图 6-66　涂刷色油（见附图）

不全之处。操作时必须使用牛角板刮抹,不得操作漆膜,腻子要刮干净,做到光滑无腻子疤。

③修色:木料表面上的黑斑、节疤、腻子疤和木材色不一致处,应用漆片、酒精加色调配(颜色同样板颜色),或由浅到深地用清漆调和漆和稀释剂调配,进行修色。木材色深的应修浅,浅的加深,将深浅色的木料拼成一色,并绘出木纹。

图 6-67　刷第一遍清漆(或底漆)(见附图)

④涂刷清油时,手握油刷要轻松自然,手指轻轻用力,以移动时不松动、不掉刷为准。涂刷时要按照蘸次要多、每次少蘸油、操作勤快的要求,依照先上后下、先左后右、先里后外的顺序进行。

刷第一遍清漆(或底漆)如图 6-67 所示。

(6)刷第二遍清漆(或底漆)。

应使用原清漆不加稀释剂(冬季可略加催干剂),刷油操作同前,但刷油动作要敏捷,不流坠,饱满一致,光亮均匀。刷完后再仔细检查一遍,有问题的要及时修补、修复。刷此遍漆时,周围环境要整洁。

(7)刷第三、四遍清漆(或底漆)。

待第二遍底漆干透后,首先要进行磨光,然后用潮布擦干净,刷两遍底漆。

(8)砂纸打磨。

待第三、四遍底漆干透后,用水砂纸进行打磨,磨光后,用潮布擦干净,晾干。

(9)刷面漆。

待木料表面晾干后,刷第一遍面漆,待干透后,用 2800♯～4000♯ 水砂纸进行打磨。磨光后,擦干净,再刷第二、三遍面漆。

5．质量验收标准及检验方法

木料表面的中级厚涂料质量标准及检验方法如表 6-14 所示。

表 6-14　木料表面的中级厚涂料质量标准及检验方法

项　次	项　目	中级厚涂料质量标准	检 验 方 法
1	木纹	鬃眼刮平、木纹清晰	观察、手摸
2	光滑、光亮	光亮足,表面光滑	
3	流坠、皱皮、裹棱	大、小面出无明显处	
4	颜色、刷纹	颜色一致,无刷纹	
5	玻璃、五金等	洁净	

木料表面施涂中级清漆和高级清漆主要工序如表 6-15 所示。

表 6-15　木料表面施涂中级清漆和高级清漆主要工序

项　次	工 序 名 称	中 级 清 漆	高 级 清 漆
1	清扫、起钉子、清除油污等基层处理	＊	＊
2	磨砂纸	＊	＊
3	润粉	＊	＊
4	磨砂纸	＊	＊
5	第一遍满刮腻子	＊	＊
6	磨光	＊	＊
7	第二遍满刮腻子		＊
8	磨光		＊
9	刷油色	＊	＊
10	第一遍清漆	＊	＊
11	拼色	＊	＊
12	复补腻子	＊	＊
13	磨光	＊	＊
14	第二遍清漆	＊	＊
15	磨光	＊	＊
16	第三遍清漆	＊	＊
17	磨水砂纸		＊
18	第四遍清漆		＊
19	磨光		＊
20	第五遍清漆		＊
21	磨退		＊
22	打砂蜡		＊
23	打油蜡		＊
24	擦亮		＊

注:表中"＊"表示应进行的工序。

（二）木质表面施涂混色磁漆工艺

本工艺适用于丙烯酸酯涂料、聚氨酯丙烯酸涂料、有机硅丙烯酸涂料等溶剂型涂料涂饰工程。

1．适用范围

本工艺标准适用于一般建筑木门窗和木材表面的中级清漆涂刷工程。

2．施工准备

（1）材料要求。

材料要备好熟石膏粉、熟桐油、水、松香油、催干剂、铅油、调和漆、无光漆和磁漆等。

（2）施工工具。

双梯、小提桶、油漆刷、排笔、牛角翘、油灰刀、画线刷、木砂纸、水砂纸、油、棉丝、麻丝、竹签、小色碟、铜丝、脚手板、安全带、钢丝钳子、小锤子和小扫把等。

3．工艺流程

基层处理→涂底油→满刮石膏腻子、满刮一、二道腻子→磨光→刷第一道醇酸磁漆→刷第二道磁漆→刷第三道磁漆→刷第四道磁漆→打砂蜡→涂抹光蜡。

4．主要操作工艺和施工要点

（1）基层处理、修补、打磨。

①用刮刀将木料表面的油污、灰浆等清理干净。

②砂纸打磨，要磨光、磨平，木毛茬要磨掉，阴阳角胶迹要清除，阳角要倒棱、磨圆，上下一致。

（2）涂底油。

底油由光油、清油、汽油拌和而成，要涂刷均匀，不可漏刷。结疤处及小孔抹石膏腻子，拌和腻子时可加入适量磁漆。干燥后用砂纸打磨，将野腻子磨掉，清扫并用湿布擦净。

（3）满刮第一、二道腻子。

大面用钢片刮板刮，要平整光滑。小面用开刀刮，阳角要顺直方正。腻子干透后，用零号砂纸磨平、磨光，清扫并用湿布擦净。

（4）刷第一道磁漆。

头道漆可加入适量醇酸稀料调得稍稀，要注意横平竖直涂刷，不得漏刷和流坠，待漆干透后用砂纸磨光，清扫并用湿布擦净。发现有不平整之处，要及时补、刮腻子并打磨好，干燥后局部磨平、磨光，清扫并用湿布擦净。刷每道漆间隔时间，应根据当时气温而定，一般夏季约 6 小时，春、秋季约 12 小时，冬季约为 24 小时。

（5）刷第二道醇酸磁漆。

刷这一道漆可以不添加稀释料，注意不得漏刷和流坠。干透后用木砂纸磨平，如果表面痱子疙瘩多，可用 280 号水砂纸磨平。如果局部有不光滑、不平整，应及时复补、刮腻子，待腻子干透后，用砂纸磨平，清扫并用湿布擦净。

（6）刷第三道醇酸磁漆。

刷法与要求同第二道，这一道可用 320 号水砂纸打磨，但要注意不得磨破棱角和漆面，要达到平整和光滑，磨好以后应清扫并用湿布擦净。

（7）刷第四道醇酸磁漆。

刷漆的方法与要求同上。刷漆完后应用 320 号～400 号水砂纸打磨，磨时用力要均匀，应将刷纹基本磨平，并注意棱角不得磨破，磨好后清扫并用湿布擦净。

（8）打砂蜡。

先将原砂蜡加入煤油化成粥状，然后用棉丝蘸上砂蜡涂刷，涂满木材面，用手按棉丝来回揉擦往返多次，揉擦时用力要均匀，擦至出现暗光，大小面上下一致为准（不得磨破棱角），最后用棉丝蘸汽油将浮蜡擦洗干净。

（9）涂抹光蜡。

用干净棉丝蘸上光蜡，薄薄地抹一层，注意要擦匀擦净，达到光泽饱满为止。

冬期施工：室内油漆工程应在采暖条件下进行，室温保持均衡，一般宜不低于 10 ℃，相对湿度小于 60%。同时应设专人负责测温和开关门窗，以利通风排除湿气。

木料表面涂刷混色磁漆按质量要求分为普通、中级和高级三级，其主要工序如表 6-16 所示。

表 6-16　木料表面涂刷混色磁漆普通、中级和高级涂刷主要工序

项　次	工序名称	普通级涂刷	中级涂刷	高级涂刷
1	清扫、起钉子、清除油污等基层处理	＊	＊	＊
2	铲去脂囊、修补平整	＊	＊	＊
3	磨砂纸	＊	＊	＊
4	结疤处点漆片	＊	＊	＊
5	干性油或带色干性油打底	＊	＊	＊
6	局部刮腻子、磨光	＊	＊	＊
7	腻子处涂干性油	＊	＊	＊
8	第一遍满刮腻子			＊
9	磨光		＊	＊
10	第二遍满刮腻子			＊
11	磨光			＊
12	刷涂底涂料		＊	＊
13	第一遍涂料		＊	＊
14	复补腻子	＊	＊	＊
15	磨光	＊	＊	＊
16	湿布擦净		＊	＊
17	第二遍涂料	＊	＊	＊
18	磨光		＊	＊
19	湿布擦净		＊	＊
20	第二遍涂料		＊	＊
21	打砂蜡	＊	＊	＊
22	涂抹光蜡	＊	＊	＊

注:1. 表中"＊"表示应进行的工序。

2. 高级涂刷做磨退时,宜用醇酸树脂涂料涂刷,并根据涂膜厚度增加1～2遍涂刷和磨退、打砂蜡、打油蜡、擦亮等工序。

(三)应注意的质量问题及处理措施

1. 脱皮

在木料基层未经清理,木质表面含湿率高,通风不好的情况下涂刷,会出现脱皮现象。

处理措施如下。

(1)木质表面应干燥,含水率一般小于12％,室内基层小于10％,地板小于9％。

(2)木质要选用合适。要选用防潮好的酚醛树脂黏合的胶合板,硬质纤维板不耐潮湿,不宜用在室外和冷凝严重的地方。

(3)施工环境应通风良好,环境比较干燥。

(4)尽量避免在各涂层使用不同材料的油漆和涂料。

(5)施工完后发现有脱皮现象应立即修补。修补的方法只能是铲除重新涂刷。

2. 漏刷

漏刷一般发生在门窗的上、下冒头和靠合页小面以及门窗框、压缝条的上、下端部和衣柜门框的内侧等处。其主要原因是内门扇安装时油工与木工配合度不高,故往往下冒头未刷油漆就把门扇安装了,事后油漆工无法涂刷。

处理措施如下。

(1)要在门扇安装前涂刷完成。

（2）仔细涂刷，切勿遗漏，用镜子照着涂刷更好。

（3）涂刷后认真检查质量，发现有漏刷时应及时修补。

3. 缺腻子、缺砂纸

缺腻子、缺砂纸多发生在合页槽、上中下冒头、榫头和打孔、裂缝、节疤以及棱残缺处等。主要是操作未认真按照工艺规程操作所致。

处理措施如下。

（1）将基层清扫干净，起去木质表面上的钉子，除去油污和尘土。

（2）铲除脂囊，将脂迹刮净，流松香的结疤挖掉，较大的脂囊应用木材及胶镶嵌。

（3）磨砂纸，先磨线角后磨平面，顺木纹打磨。

（4）认真按照工艺流程进行操作。

4. 流坠、裹楞

油漆流坠、裹棱主要原因有两点：一是由于油漆料太稀，漆膜太厚或环境温度高，油漆干燥较慢造成；二是由于操作顺序和手法不当，尤其是门窗边棱分色处，如一旦油量大和操作不注意，就往往容易造成流坠、裹楞。

处理措施如下。

（1）选择质量好的油漆和挥发速度适当的稀释剂，并控制其掺入量。使用的清漆稠度应适宜，不能太稀。每遍漆膜不能太厚，太厚使油漆干燥慢。

（2）涂刷方法要正确，涂漆时应按工艺程序进行，先横向，再竖向，使油漆的涂膜厚度均匀一致。每次蘸油量不要过多。

（3）摊油时用力适中，物面的边缘可用摊油时多余的油在清油时完成。对吃油多或难刷的部位应多摊些油。摊油后应后刷挨前刷，轻轻地将清油上下理顺。理顺应顺木纹，垂直面应由上向下理油，水平面应顺光线照射的方向理油。

（4）使用的毛刷不能过长或过短，过长时油漆不易刷均匀。

（5）喷涂时，应调整喷枪气压及出量，空压机的空气压力应在 0.2～0.4 MPa，距离适宜。

（6）物体表面应处理平整、光洁，清除表面油、水等污物。

（7）喷漆时的喷枪移动速度及距离物体的远近要控制均匀，按规定工艺程序进行，先竖向喷，再横向喷，使漆膜形成均匀，厚薄一致。

（8）温度应适宜，施工环境温度应符合油漆种类的标准要求，如清漆宜在 20～27 ℃，并在 3 小时以内涂刷完成。油漆作业环境温度一般应不低于 10 ℃。

5. 刷纹、皱纹明显

主要是油刷子小、油刷未泡开或刷毛发硬所致。

处理措施如下。

（1）油性涂料的稠度应适宜，不能太稠以避免刷子拉不开，产生明显刷纹。

（2）应使用优质的油刷。猪鬃油刷对油漆的吸附性适宜，弹性也好，适宜涂刷各种油漆涂料。毛刷不能过长，并应把毛刷泡软后使用。

（3）涂刷方法应正确，摊油要均匀，涂刷要均匀，不能漏刷，收刷方向不能杂乱，各刷间隔时间不宜过长。

（4）涂刷时要顺木纹涂刷，要刷均，厚薄一致，无接槎，无遗漏，涂层要薄。

（5）不能在风大的地方施工，以免涂膜表面出现气泡、针孔、皱皮等缺陷。

（6）理油要平稳，用力要均匀，收刷时要均匀用力。

（7）涂刷清漆时，前一遍清漆干燥后要补腻子、磨砂纸，达到要求后再刷后一遍，各层要结合牢固。

（8）如果走刷时在这一片段内感觉发滑，另一片段内又发涩，这说明两片段的涂层不均匀，应将油多发滑部位的油向油少发涩的部位刷。

（9）不宜在高温下涂刷，高温下涂刷会使内外干燥不均匀，形成表面皱纹。

（10）各道砂纸打磨必须彻底。上一道油的刷痕应用砂纸打磨掉。

6．粗糙

基层不干净,油漆内有杂质或在尘土飞扬时施工,容易造成油漆表面粗糙的现象。

处理措施:应注意用湿布擦净,油漆要过箩,严禁刷油时扫地扬尘或在刮大风时刷油漆。

7．涂刷面污染

油漆涂饰工程中保持五金、灯具、开关插座、地面的干净,不造成丝毫污染是很重要的。如有污染,尽管是轻微的污染都非常影响美观和质量。

处理措施如下。

（1）施工要求将门锁、拉手、插销等五金件、灯具、插座面板后装（但可以事先把位置和门锁孔眼钻好）,才能确保五金洁净美观。

（2）如已经安装,在涂刷前应对五金、灯具、电盒、地面采取用分色纸粘贴、纸包、贴不干胶条、塑料布遮盖等方法加以保护。

（3）如发生了污染,要用稀料及时进行擦洗,使五金件、灯具、插座面板的本来面目表露出来。

三、学习任务小结

通过本次任务的学习,同学们已经初步了解了室内木器涂料种类及优缺点,掌握了木器表面施涂清漆涂料施工流程和工艺,施涂混色磁漆施工流程和工艺,以及应注意的质量问题及处理措施等知识。课后,要多收集相关的室内木器涂料施工工艺资料,并到室内装饰工程施工现场体验室内木器涂料施工流程和工艺,将理论与实践紧密结合起来。

四、课后作业

（1）每位同学收集和整理有关室内木器涂料产品介绍的 PPT 文档 20 页。

（2）在老师的带领下到室内装饰工程施工现场体验室内木器涂料施工流程和工艺,并撰写 800 字的体验报告。

参 考 文 献

[1] 胡伟,贾宁.室内装饰施工与管理[M].2版.南京:东南大学出版社,2018.

[2] 邓泰,陈华勇.室内装饰构造与施工图深化[M].北京:北京出版社,2018.

[3] 王宝东,应坚良.室内装饰装修水电工[M].北京:化学工业出版社,2016.

[4] 傅元宏.室内装饰装修精细木工[M].北京:化学工业出版社,2015.

[5] 牟瑛娜.图说装饰装修木工技能[M].北京:机械工业出版社,2018.

[6] 杨政,刘如兵,郭智伟.建筑装饰施工与管理[M].北京:机械工业出版社,2019.

附　图

项目三　强弱电工程装饰材料与施工工艺

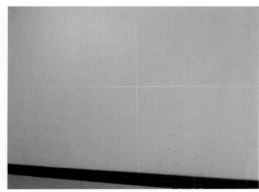

图 3-30　测量定位

图 3-42　"横平竖直"布线

布管要直，管与管之间
留2 cm的间隙，防止贴砖空鼓，
管码固定间距不超过80 cm，
并排列整齐。

线管接口，满涂胶水
不能松动。

管卡间距70CM

图 3-43　管线敷设

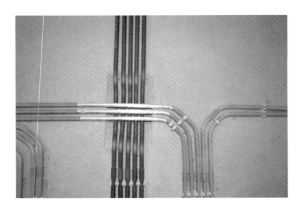

图 3-47　强弱电交叉处理

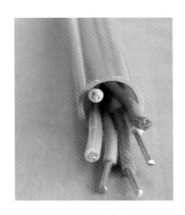

图 3-48　穿线

相线使用红色
控制线使用黄色、绿色
零线使用黑色、蓝色
地线使用黄绿双色。

地线及控制线
同套房内，尽量
采用同一种线色。

图 3-49　电线颜色区分

底盒之间，需互通线路时
必须套管。

图 3-50　不共底盒

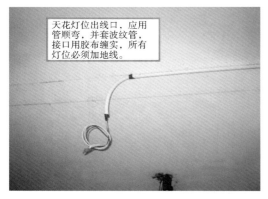

天花灯位出线口，应用
管顺弯，并套波纹管，
接口用胶布缠实，所有
灯位必须加地线。

图 3-51　天花灯位出线口

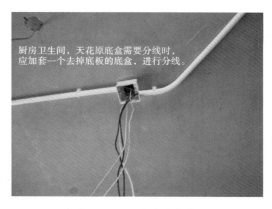

厨房卫生间，天花原底盒需要分线时，
应加套一个去掉底板的底盒，进行分线

图 3-52　天花底盒分线

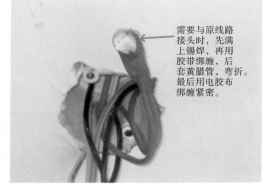

需要与原线路
接头时，先满
上锡焊，再用
胶带绑缠，后
套黄腊管，弯折。
最后用电胶布
绑缠紧密。

图 3-53　缠绕绝缘胶布

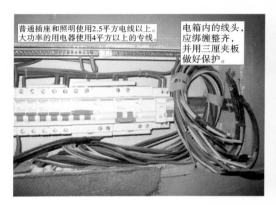

普通插座和照明使用2.5平方电线以上。
大功率的用电器使用4平方以上的专线。

电箱内的线头，
应绑缠整齐，
并用三厘夹板
做好保护。

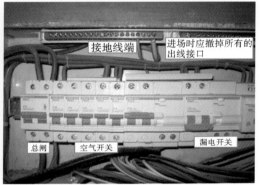

接地线端

进场时应撤掉所有的
出线接口

总闸　　　空气开关　　　　漏电开关

图 3-54　强电箱与电线接通

图 3-55　线槽洒水

图 4-31 室内瓷砖铺贴效果(谢志贤 作)

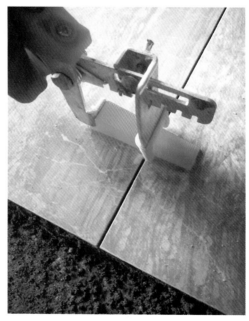

图 4-32 地砖对缝拼贴

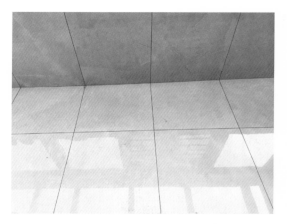

图 4-33　地砖横铺

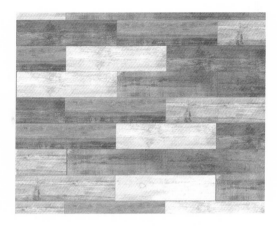

图 4-34　工字形地砖铺贴

图 4-35　人字形地砖铺贴

图 4-36　菱形地砖铺贴

项目六 涂料工程装饰材料与施工工艺

图 6-1 涂料的室内装饰效果

图 6-2 涂料的室内外装饰效果

图 6-3 涂刷涂料后顶棚装饰效果

图 6-4　新中式茶室会客厅装饰涂料

图 6-5　新中式别墅书房装饰涂料

图 6-6　粉末状涂料

图 6-7　油性涂料

图 6-8　乳胶漆

图 6-9　水泥墙面漆,家用清水混凝土漆,复古灰色做旧工业风

图 6-10　水溶性硅藻泥涂刷装饰效果

图 6-11　硅藻泥涂刷艺术造型

图 6-12　外墙仿大理石漆装饰效果

图 6-13　外墙真石漆

图 6-14　内墙艺术涂料

图 6-15　外墙艺术涂料

图 6-39　玄关涂饰

图 6-40　化妆间涂饰

图 6-41　主卧室涂饰

图 6-42　基层处理、局部刮腻子

图 6-43　刮腻子

图 6-44　传统人工打磨

图 6-45　新型机械环保打磨

图 6-46　喷枪涂刷

图 6-47　滚筒涂刷

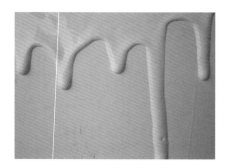

图 6-48　常见问题 1：流挂　　　　图 6-49　常见问题 2：起泡　　　　图 6-50　常见问题 3：泛碱，发霉

图 6-51　常见问题 4：咬底　　　　图 6-52　常见问题 5：龟裂　　　　图 6-53　常见问题 6：砂纸痕

图 6-54　艺术涂料纹理

图 6-55　艺术涂料集环保性能与艺术表现力于一身

图 6-56　艺术涂料色彩丰富

图 6-57　艺术涂料的持久性好

图 6-58　套色花饰涂饰施工完成效果

图 6-59　滚花涂饰纹理图案

图 6-60　仿木纹涂饰纹理图案

图 6-61　仿石纹涂饰纹理图案

图 6-62 基层清洁

图 6-63 专用木材封闭剂

图 6-64 刮油腻子及调和后的各色油腻子

图 6-65 砂纸打磨

图 6-66 涂刷色油

图 6-67 刷第一遍清漆(或底漆)